JN192337

実戦
データマイニング
AIによる株と為替の予測

月本　洋
松本一教　共著

まえがき

1999 年に私は，『実践データマイニング』を執筆した．当時はまだデータマイニングという言葉があまり広まっていなかった．『実践データマイニング』は，データマイニングという言葉を冠した日本での最初の書物の一つであり，今日のデータマイニングブームの先駆け的な書物であった．

それから約 19 年が過ぎ，世の中もずいぶん変わった．データマイニングだけではなく，ビッグデータ，データサイエンスなどの言葉を，新聞やテレビでよく目にする．また，人工知能（AI）ブームが再来しているようでもある．さらに，ディープラーニングに大きな関心が集まっている．

このような状況のなかで，前著『実践データマイニング』の後継本を出す話をオーム社からいただいた．その後継本の題であるが，前著『実践データマイニング』の「実践」を「実戦」に変え，『実戦データマイニング』とした．読みは両方とも「ジッセン」であるが，今回の本はより実用的であるので「実戦」にした．

前著『実践データマイニング』の副題は，「金融・競馬予測の科学」であった．株（日経平均）と競馬の予測をニューラルネットワークと決定木を用いて行った．競馬の予測に関しては，友人から「利殖で競馬をする人はいない」と言われたので，研究はやめた．株に関しては，その後も研究を続けてきた．いくつかの改良を行い，実用に耐えうる技術になったと思う．本書では，株に加えて為替も取り扱う．

株と為替を取り扱う理由は，

1. データが入手できる．
2. データマイニング結果を公開できる．
3. データマイニングの結果の良し悪しを客観的に評価できる．

の 3 条件を満たしているからである．例えば，データマイニング技術が適用されている小売業などはデータが入手困難である．それに，たとえデータが入手できても，そのデータマイニング結果を公開することはできない．さらに，データマイニングの結果の良し悪しを客観的に評価するのが難しい．

まえがき

本書では，ニューラルネットワークによる日経平均と為替（円ドル）の予測を行う．これは，人工知能（AI）による予測である．人工知能のなかにはいろいろな分野があり，その一つに機械学習がある．ニューラルネットワークはその機械学習の一つである．さらに，ディープラーニングは，そのニューラルネットワークの一部である．テレビのニュースで聞いた，「人工知能＝ディープラーニング」と捉えているかのようなアナウンサーの発言に少し驚いたことがあるが，正確には「人工知能 ⊃ 機械学習 ⊃ ニューラルネットワーク ⊃ ディープラーニング」という関係である．

本書の構成は次の通りである．第 1 章では，データマイニングの概要について述べる．第 2 章では，第 3 章と第 4 章で用いるデータマイニングの手法を簡単に説明する．すなわち，あまり数式を出さず，直感的にわかるように述べる．第 3 章では，日経平均をニューラルネットワーク（3 層）とディープラーニング（深層ニューラルネットワーク）を用いて解析する．売買シミュレーションを詳細に行い，本書の方法が有用であることを確認する．第 4 章では，円ドル為替を，ニューラルネットワーク（3 層）とディープラーニング（深層ニューラルネットワーク）を用いて解析する．日経平均同様，売買シミュレーションを詳細に行い，本書の方法が有用であることを確認する．円ドル為替にしか関心がない人もいると思うので，第 3 章を飛ばして第 4 章を読んでもわかるように説明する．そのため，第 3 章と第 4 章で重複する記述が少しある．しかし，詳細まで理解するには，第 3 章を読んでから，第 4 章を読んでもらいたい．第 5 章では，データマイニングの技術を少し詳細に説明する．最後に，第 6 章では，説明可能 AI について簡単に触れる．

対象読者は，実際にデータマイニングにかかわっている技術者・研究者・大学生と，金融関係者・投資家などである．したがって，あまり数式を出さずに，簡単に書いたつもりである．

なお，今回の執筆には，データマイニング技術に詳しい松本一教氏にも参加していただき，よりよいものにした．松本一教氏には，第 1 章と第 2 章と第 5 章の執筆をお願いした．

平成 30 年 5 月

著者を代表して　月本　洋

目　次

第1章 データマイニングと人工知能

データマイニングとはデータから自動的に知識を抽出して利用する技術である．人工知能の技術と関係が深く，ディープラーニングなどの技術も用いられている．本章では，それらの概要を説明する．

1.1 データマイニングとは

データマイニング（英語ではdata mining, あるいはdatamining）という言葉が，情報処理に携わる技術者だけでなく，世の中で広く使われるようになっている．マイニング（mining）という言葉は，もともとは資源採掘という意味である．地下から金脈を掘り当てるように，データから知識を抽出する（発見するということもある）という意味でデータマイニングと呼ばれている．

簡単な例で説明しよう．**表 1.1** の左側は，株価データを説明しやすいように単純化して作った例である．説明のための人工的な例なので，実際の株価の動きではない．株価前日比の部分は，前日株価との差額を上昇か（差がプラス）下降か（差がマイナス）を示す．このようなデータを眺めていても，多くの人は株価がどのように動いているか理解することはできないし，将来の動きを予測することはできないだろう．しかし，この表の株価前日比の動きには規則性がある．それを書き込んだものが表 1.1 の右側となる．パターン A，パターン B，パターン C という三つの規則性を見つけることができる．

表 1.1　データマイニングの例

日	株価前日比（上昇または下降）			
1 日目	上昇	パターン A		
2 日目	上昇	パターン A		
3 日目	下降	パターン A	パターン B	
4 日目	下降		パターン B	
5 日目	上昇		パターン B	パターン C
6 日目	上昇			パターン C
7 日目	上昇			パターン C
8 日目	下降			パターン C
9 日目	上昇			
10 日目	下降		パターン B	
11 日目	下降		パターン B	
12 日目	上昇		パターン B	パターン C
13 日目	上昇			パターン C
14 日目	上昇			パターン C
15 日目	下降			パターン C
16 日目	下降			
17 日目	下降		パターン B	
18 日目	下降		パターン B	
19 日目	上昇	パターン A	パターン B	
20 日目	上昇	パターン A		
21 日目	下降	パターン A		
22 日目	上昇			パターン C
23 日目	上昇			パターン C
24 日目	上昇			パターン C
25 日目	下降			パターン C
26 日目	上昇			パターン C
27 日目	上昇	パターン A		パターン C
28 日目	上昇	パターン A		パターン C
29 日目	下降	パターン A		パターン C
30 日目	上昇			

パターン A は，上昇・上昇・下降という連続する 3 日間の動きである．同様にパターン B は，下降・下降・上昇という 3 日間の動き，パターン C は上昇・上昇・上昇・下降という 4 日間の動きとなっている．このようなパターンを抽出できれば，将来の株価予測につながる．例えば，連続する 2 日間の動きが下降・

下降であれば，パターンBによって翌日は上昇すると予測できる．あるいは，2日間の動きが上昇・上昇であれば，パターンAとパターンCの両方が適用できるので3日目は上昇なのか下降なのか決めることができない．しかし，3日目が上昇であればパターンCより4日目は下降と予測できる．

このようなパターンの表現を変えて，

- もし，下降・下降と動けば，翌日は上昇である．
- もし，上昇・上昇・上昇と動けば，翌日は下降である．

などのように表すこともできる．このような形式にしておけば，コンピュータのプログラムとすることが容易になり，自動的な予測に発展させることができるだろう．

さて，資源採掘の場合では役に立ち採掘する価値があるものと，採掘してもむだになるだけのものがある．無価値な石ころをいくら採掘しても意味がない．データマイニングの場合でも同じである．価値のない知識を抽出しても意味がなくむだである．採掘をむだにしないためには，価値ある知識を抽出しなければならない．価値ある知識に以下のような性質が求められるだろう．

- 役に立つものであること．
- 今までに知られていないものであること．

知識が「役に立つ」ということをはっきりと数値的に示すことは難しい．今の時点では役に立たない知識であっても，将来は役に立つようになるかもしれない．あるいは逆に，現在は役に立つ知識が無効になることもあるだろう．データマイニングの研究では，確率などの理論を使って，知識の有効性を数値的に評価する方法が研究されている．しかし，全ての場合に適用できるような基準は現時点では未完成である．現状では，ある定められた評価基準によって，それを満たす知識を「役に立つ」として抽出することが一般的である．手法によって異なる評価基準が使われている．

データマイニングはすでに実社会で活用されており，多くの成功事例がある．例えば以下のような事例がある．

1. 企業の投資活動や，金融業界における顧客への投資コンサルティングで，過去のデータから株式やその他の金融商品がどのように動くかの規則性をつかみ活用する．第3章と第4章で述べる株やFXの予測や投資への利用も含んでいる．
2. コンビニエンスストアの売上データから，どのような商品が同時に売れているのかの規則性を取り出す．この知識を使って，商品の配列を工夫することで，ある商品を買った客がほかの商品も一緒に買う確率を向上させる．
3. スーパーなどの小売業で，売上と気温や湿度などの気象条件，CMの放送内容などのデータを総合してデータマイニングし，売上に関する法則性を獲得する．それを使って，むだな仕入れを省いたりチャンスロスを防いだりするなどして利益の向上を図る．
4. 郵送（ダイレクトメール）や電話による顧客勧誘で，過去の成功データから年齢，性別，購買動向などの関連性をはっきりさせ，買う可能性が高い顧客に絞り込んだ重点的な勧誘を行う．
5. ある企業は日本中央競馬会（JRA）のデータを利用して，データマイニングによる競馬の予測を行うシステムを開発して販売している．ニューラルネットワークの技術を用いて，
   - 走破速度を予測するモデル
   - 競走馬の勝敗を予測するモデル

   などを構築してレースの予測ができるようになっている．

1.2　データマイニングと人工知能と機械学習の関係

人工知能あるいはそれを省略したAI（artificial intelligence）という言葉がよく使われるようになった．機械学習という言葉もよく使われている．AIとはコンピュータ上で人間に匹敵する知能を実現しようとする技術のことであり，機械学習，自動推論，知識表現，意思決定，探索などの技術が含まれている．機械学習とは，機械（コンピュータ）がデータから自動的に知識を学習するという技術である．

最近では，AIを組み込んだコンピュータ将棋や囲碁が，人間のトップレベルの棋士を打ち負かすことができるようになった．医療の分野では，検査画像やカルテのデータから人間の医師に匹敵する診断を下すことのできるAIの診断システムも出現し始めている．株やFXなど金融の分野でも予測や投資のために，AIの技術が使われ始めている．

データマイニングよりもAIの方が最新の優れた技術だと思っている読者の皆さんも多いかもしれない．しかし実は，データマイニングはAIを実現するための重要な技術である．AIの実現にはさまざまな技術を組み合わせることが必要となるが，そのなかでもデータマイニングの技術は不可欠である．したがって，本書はデータマイニングについて解説するが，同様にAIの説明にもなっている．第3章や第4章で解説する株やFXの技術は，AIの適用である．

データマイニングとAIとの関係について，さらにもう少し説明する．**図1.1**に示すように，人間の知能の実現には，知識と推論の二つが不可欠である．知識に基づいて推論することで，新たな知識を得ることができる．これを繰り返すことで，知識が増えていき（図中のK1，K2，K3）人間の能力はしだいに高まっていく．

棋士や医者あるいは金融の専門家は，自分の専門分野に関する多くの知識をもっている．他人がそのような知識を外部から観察するだけで得ることはできない．専門家がどんな知識をもっているかは，専門家にインタビューして調べるしかない．

初期のAIでは**図1.2**に示すように，人間の専門家がもつ知識をコンピュータ技術者（知識技術者，knowledge engineer）がインタビューにより聞き出して，

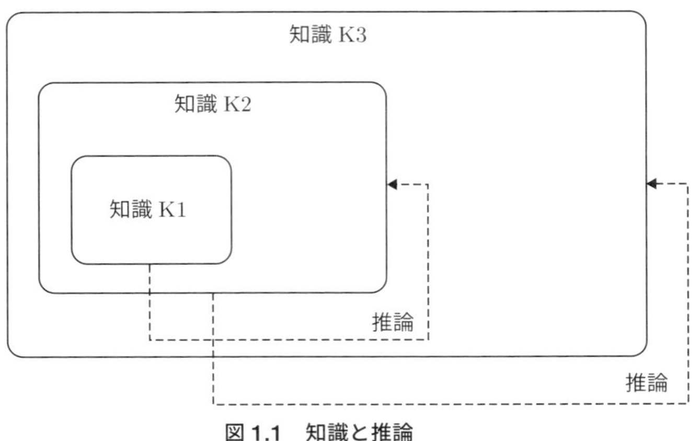

図 1.1　知識と推論

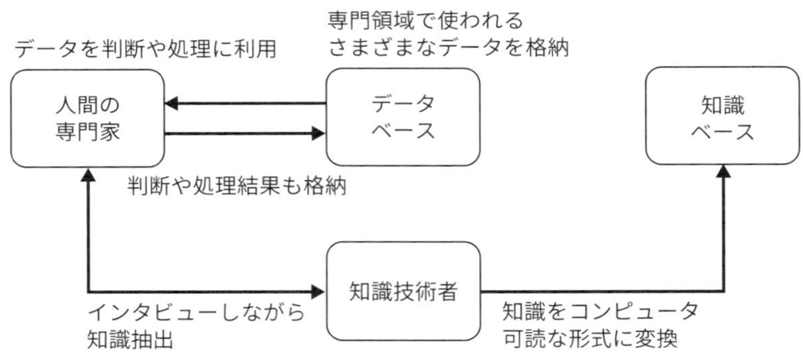

図 1.2　専門家からの知識抽出

それをコンピュータシステムで処理可能な知識に書き直して知識ベースに登録するという作業を行っていた．知識ベースとは，知識を格納したデータベースのことである．

このような人間の専門家と知識技術者との共同作業（知識獲得ともいう）にはたいへんなコストがかかる．さらに最新の知識を維持できるように，頻繁に知識抽出作業を行わなければならない．このような作業を軽減するために，専門家が知識を得ているデータから自動的に知識を抽出するという技術がデータマイニングである（**図 1.3**）．

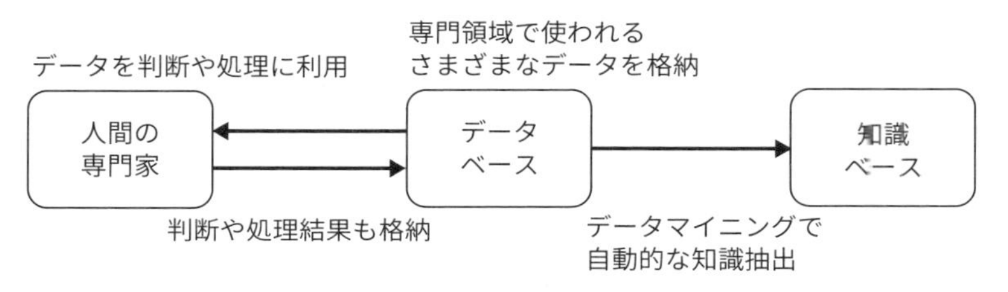

図 1.3　データマイニングによる自動的な知識抽出

このように，AI，機械学習，データマイニングという技術はお互いに密接に関係している．これらの関係を**図 1.4** に示す．本書ではデータマイニングと機械学習という言葉を主として使っているが，AI に置き換えてもかまわないところも多い．

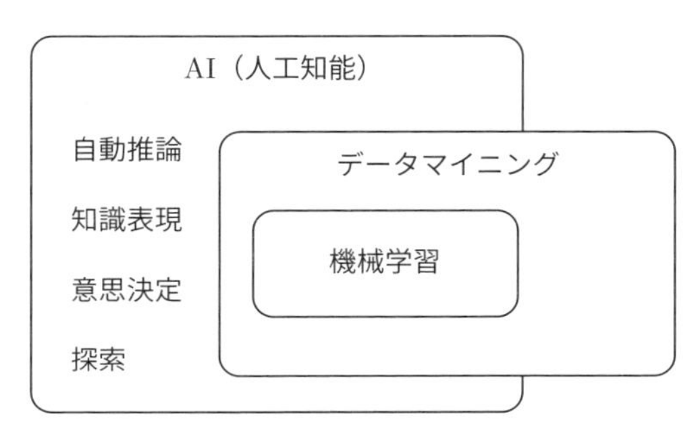

図 1.4　AI と機械学習とデータマイニング

1.3　データマイニングの過程

前節で説明したように，データマイニングを実現する技術はAIや機械学習と深く関係している．代表的な技術としては，回帰分析，ニューラルネットワーク，決定木学習などがある．データベースにこれらの技術をすぐに適用できるとは限らない．多くの場合には，これらを使うためには，いくつかの段階的な作業を行う必要がある．これら全体を「データマイニングのプロセス（過程）」という．**図1.5**に示すような流れが一般的である．この図に従って，各作業の概要を説明する．

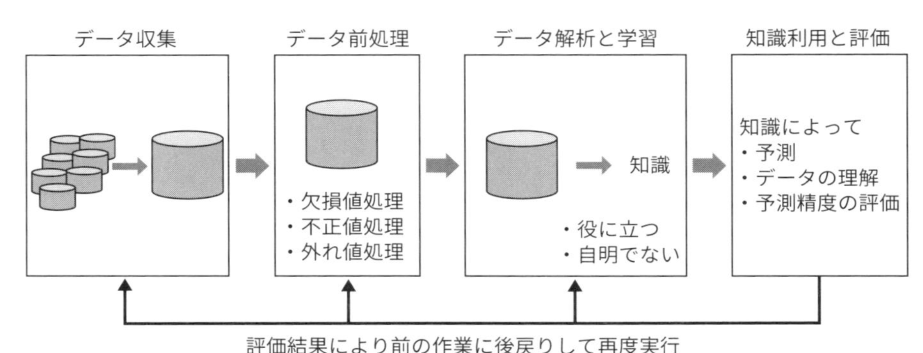

図1.5　データマイニングの過程

1.3.1　データ収集

データから知識を抽出することがデータマイニングなので，まずはそのもととなるデータを準備しなければならない．通常，データはデータベースに格納されている．データベースの多くは特定の目的のために使うデータだけを集めたものなので，データマイニングの対象としては不十分なことがよくある．多くの種類の異なったデータを集めた方が未知の知識の抽出につながることが多い．例えば，日経平均のデータだけでなく，円ドルや円ユーロなどの為替データ，各国の金利のデータなどを全て集めてくるなどである．このような場合，複数のデータベースから役に立ちそうなデータを集めた新たなデータベースを作り，それをデータマイニングの対象とする．このような新たなデータベースのことをデータウェアハウスと呼ぶ（**図 1.6**）.

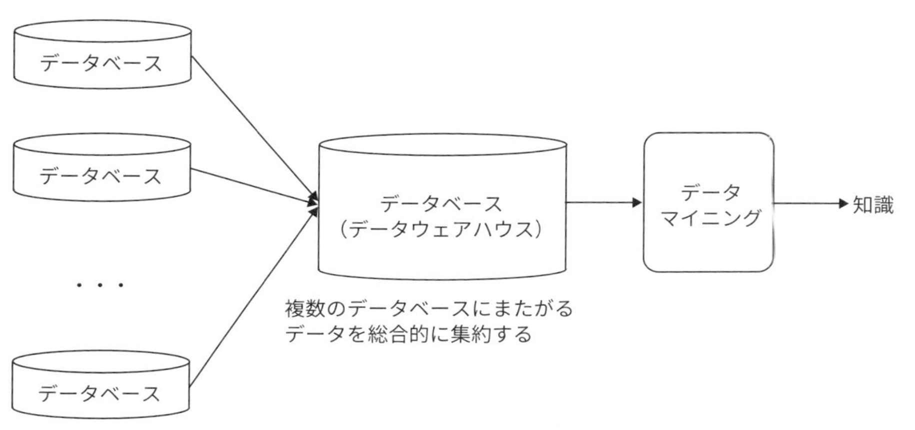

図 1.6　データベースを集めてデータを準備する

コンピュータ上にデータを保存するためには，ディスクやメモリが必要である．これらの価格は劇的に下がっており，大量のデータを安価に保存できるようになった．また，クラウドコンピューティングという技術も広く使われるようになっており，インターネット上に安い費用で大量のデータを保存できるようになっている．このようなデータがデータマイニング適用の候補となる．個人で集めたデータだけではなく，インターネット上に多くのデータが公開されている．例えば，株や為替のデータもあれば，ツイッターなどの SNS（social network service）のデータもある．Web のホームページもデータとして使えることが多い．このようなさまざまなデータをもとにして，先に説明したデータウェアハウスを構築することができる．

なお，データを格納して集めた全体を指すのがデータベースであり，厳密にいえば両者は異なる．また，図 1.6 で述べたデータウェアハウスという言葉もある．厳密な立場ではこれら三つの言葉を使い分けなければならないが，専門の技術者や研究者以外では，そこまで神経質になることもない．そこで本書では，とくに混乱しない場合には，単にデータという言葉を使い，状況に応じてデータベースやデータウェアハウスの意味も含めて使う．

1.3.2　データ前処理

データ解析や機械学習という，データマイニングの核となる処理の前に行う作業のことを，前処理という．前処理にはさまざまな作業が含まれている．例えば以下のような作業である．これらの作業のうち 1. から 4. については，データに交じっているゴミやノイズを取り除く作業といえるので，データクレンジングと呼ばれることもある．

1. 欠損値への対応
2. 不正値や外れ値への対応
3. 名前の統一などの処理
4. 特徴選択
5. 計算処理などの適用

欠損値とはデータベース中で値が欠けていることである．つまり，値が入っているべき場所が空欄になっている状況である．**表 1.2** 中に破線で囲んだ二つのセルは欠損値の例である．欠損値が生じる状況はいくつか考えられる．例えば，

- 値が欠けていて存在しない．
- 値はあるが不明または不定である．

などの可能性である．データベース理論では，前者を空値と呼び後者をナル値と呼んで区別することもあるし，両者を含めてナル値と呼ぶ理論もある．表 1.2 の例では，身長の値が存在しないことはありえないので，測定や記録のミスで本来は入力されるべき値が欠損したと考えられる．得意科目の場合には，得意といえる科目がない可能性もあるので，値が存在していないということもありえる．

欠損値は算術的な計算をするときに問題となる．例えば，表 1.2 での身長の平均を求める場合，欠損値の扱い方を決めておかねば計算ができない．値がない部分（この場合には C）を存在しないものとして扱うこともあれば，適当な値で埋めて計算することもある．いずれにしても，値が欠けたままでは，単純な算術演算を行うこともできないので，対応方法を決めておく必要がある．

表 1.2 欠損値と不正な値の例

	身長〔cm〕	体重〔kg〕	国籍	得意科目
A	171	65	日本	数学
B	950	73	東京	
C		55	日本	英語

不正値とは間違った値のことであり，本来の値とは異なる値が入っている状況である．入力ミスや記録ミスのほか，測定ミス，センサーの故障なども原因として考えられるだろう．表 1.2 の B で国籍が東京となっている部分は不正値の例である．

外れ値も不正値の一種であるが，正常な範囲を著しく超えている値となっていることを強調する場合に使う．表 1.2 で B の身長は外れ値の例である（人間の身長が 950 cm になることはありえない）．外れ値の検出には，データの分布に関する統計的な性質を使うことが考えられる．

名前の統一とは，同じ内容のデータが見かけ上異なるデータとして入っている場合である．組織などの正式名称と略称，日本語とほかの言語の混在，西暦と和暦，旧姓と新姓，などさまざまな可能性があり頻繁に発生する．

特徴選択（あるいは属性選択とも呼ぶ）とは，データベース全体のデータを使うのではなく，知識抽出という観点から役に立つデータのみを限定的に使うようにすることである. 役に立たないデータが含まれていれば処理時間がむだになる. それだけでなく，役に立たない部分のデータが一種のノイズとなって，抽出される知識の精度やわかりやすさが低下するという悪影響があることも知られている.

これらの前処理自体をデータマイニングとみなすこともできる．つまり，データ中に隠れているなんらかのパターンをデータマイニングで発見して，そのパターンを使って不正値や外れ値を見つけたり，欠損値に対してパターンから値を推測して埋めたりすることが考えられる．特徴選択についても，データマイニングの対象とできる．

リスト中の最後にあげた計算処理については，データに対して，なんらかの計算処理を行って，その結果を使ってデータを追加することである．例えば，第 3 章，第 4 章で行っているように，株価データや FX データに対する移動平均を計算したり，乖離率を計算したりするなどである．こういった金融データの前処理に関しては，第 2 章 2.4 節で再度説明する．

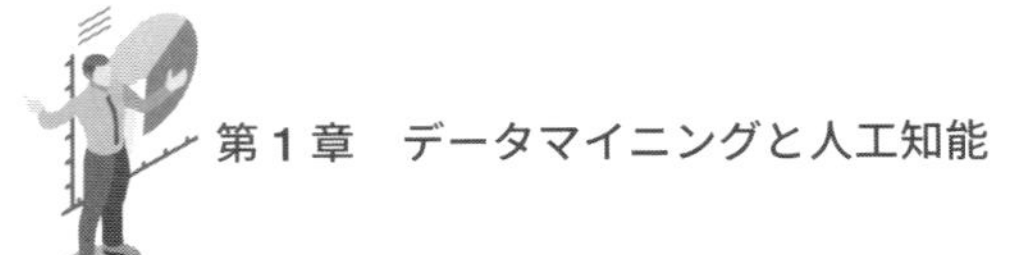

1.3.3　データ解析と学習

この作業だけを取り出して狭い意味でのデータマイニングと呼ぶこともある．これ以前の作業で準備したデータに対して，回帰分析，ニューラルネットワーク，決定木学習といった機械学習の手法を適用し，データから知識を抽出する作業である．いま注目されているディープラーニングを使うこともできる．本書では，誤解がない場合には，この作業だけを指してデータマイニングということもあるし，機械学習ということもある．

1.3.4　知識利用と評価

抽出した知識を使って，未知の状況に対する予測などに利用することを知識利用という．株の場合には，株価の変動パターンなどが抽出した知識であり，その変動パターンを使って株価の動きを予測することが知識利用となる．例えば，株価が底あるいは天井に達したかどうかを判定する知識を発見した場合には，その知識を使って現在の株価が底（あるいは天井）かどうか判定することになる．発見した知識による予測は，常に正解になるとは限らない．予想が外れた場合には，データマイニング過程の適切な作業に戻ってやり直すこともある．例えば，機械学習の技術が適切でなければそこに戻るし，データ前処理に不備があればそこに戻る．場合によっては，データ収集にまで戻ってやり直すこともあるだろう．このように，データマイニングは１回実行すれば終わりとなるのでなく，評価結果によって何回も前に戻って繰り返す反復型の過程（プロセス）である．

第2章 データマイニングと機械学習の技術

本章では，第３章と第４章を読むために必要となる機械学習の主な手法の概要を説明する．これまでに何回か名称が出てきた回帰分析やニューラルネットワークなどについて説明する．回帰分析は統計学の分野で開発された手法である．理論が十分に確立しており，社会の多くの分野で広く使われている．第３章と第４章でこの手法を直接使うことはないが，ニューラルネットワークの理解を助けるために本章で説明している．ニューラルネットワークについては，従来から使われている３層ニューラルネットワークを用いる方法と，比較的最近になって注目を集めている４層以上（深層）のニューラルネットワークを使う方法とがある．ディープラーニングとは，後者の深層ニューラルネットワークを対象とした技術である．本書では，できる限り数式を使わずに直観的にわかりやすい説明をしており，詳細な部分は第５章で説明している．

2.1 回帰分析

回帰分析は統計学の分野で開発された技術であり，多くの分野で実際に活用されている．回帰分析の技術の改良や発展がほかの多くのデータマイニング技術につながっている．日経平均のデータを使って説明しよう．2017年の10月2日から16日まで10営業日のデータを**表 2.1** に示している．この表中の終値を図として描いてみると**図 2.1** となる．ただし，図 2.1 の横軸は初日の10月2日を1日目として何日目かを示している．

表 2.1　日経平均のデータ

日付	始値	高値	安値	終値
2017年10月2日	20,400.51	20,411.33	20,363.28	20,400.78
2017年10月3日	20,475.25	20,628.38	20,438.17	20,614.07
2017年10月4日	20,660.81	20,689.08	20,592.18	20,626.66
2017年10月5日	20,650.71	20,667.47	20,602.26	20,628.56
2017年10月6日	20,716.85	20,721.15	20,659.15	20,690.71
2017年10月10日	20,680.54	20,823.66	20,663.08	20,823.51
2017年10月11日	20,803.71	20,898.41	20,788.12	20,881.27
2017年10月12日	20,958.18	20,994.40	20,917.04	20,954.72
2017年10月13日	20,959.66	21,211.29	20,933.00	21,155.18
2017年10月16日	21,221.27	21,347.07	21,187.93	21,255.56

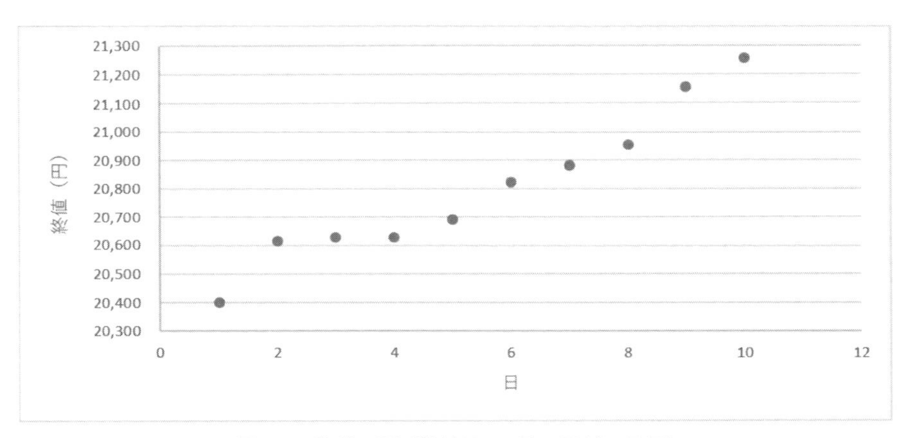

図 2.1　終値の図（横軸は10月2日が1日目）

さて，今日が10日目の10月16日だとして明日どうなるであろうか．株価の予測にはいくつかの手法があるが，大きく分けると実体経済（物価上昇率など）をもとに予測するファンダメンタルと，チャートの動きで予測するテクニカルの二つの手法がある．テクニカルで図2.1の予測をすると，基本的に上昇傾向にあることがグラフから判断できるだろう．上がるとは思われるが，どのくらい上がるだろうか．これを例えば，**図2.2**のように直線（図中の破線）を引いて決めるという手法が考えられる．この直線で11日目の値を読み取ると株価はおよそ21,300円になると予測できる．同じようにして，12日目以降も直線の値で予測することができる．逆に，この直線を左側に延長することで，過去の株価を予測することもできるだろう．

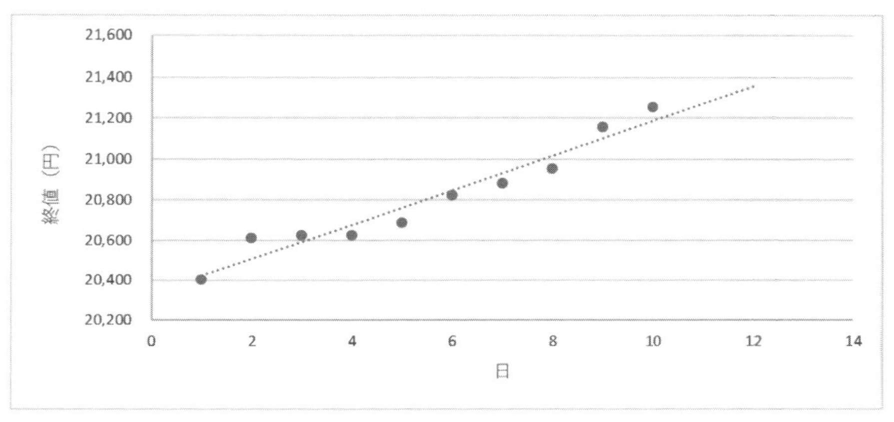

図 2.2　将来の株価を直線で予測する

しかし直線の引き方はいろいろある．当然ながら引き方によって予測値が変わってくる．例えば，**図 2.3** には A，B，C と 3 本の直線が引いてある．A は主に株価が高いところを結んでおり（強気の予測），逆に C は株価の低いところを結んだもの（弱気の予測）になっている．B は図 2.2 で示したものと同一である．A を使えば 11 日目の予測は 21,500 円程度となるし，B であれば 21,300 円，C であれば 21,200 円と予測できる．人間による手作業の場合には，データには含

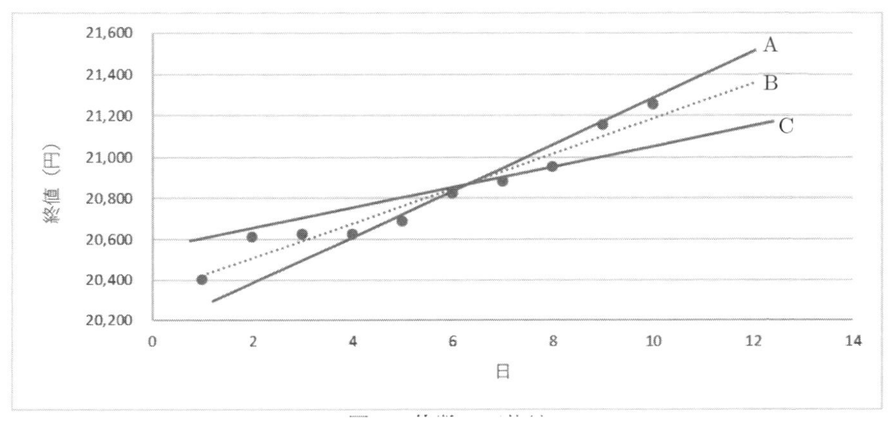

図 2.3　複数の可能性

まれていない個人の経験や性格が直線の傾きに影響を与えることもある．しかし，それでは勘と経験という話になってしまい，技術にならない．最も合理的な直線の引き方を決める技術が最小 2 乗法である．

基本となる考え方は，最もデータに近い直線をいちばんよいものとすることである．つまり，データと直線との誤差がいちばん小さくなる直線がよい，ということである．最小 2 乗法を使って求めた直線を回帰直線といい，回帰直線を使う分析手法が回帰分析となる．この場合の回帰とは説明に近い意味なので，回帰直線とはデータを最もよく説明する直線ということである．

回帰直線を数式で表現すると，

$$\text{株価} = \text{係数} \times \text{日数} + \text{定数}$$

となる．この式での係数と定数とが，データとの誤差が最小になるように，最小 2 乗法を使って決められる．係数は直線の傾きに対応し，定数は 0 日のときの株価に相当する．結果を示すと，係数 $= 84.92$，定数 $= 20336.03$ となる．つまり，

$$\text{株価} = 84.92 \times \text{日数} + 20336.03 \qquad \cdots\cdots (2.1)$$

である．日数に値を代入することで，その日の株価を回帰直線で予測した値として求めることができる．例えば，日数 $= 11$ とすれば，21,270.15 円となるし，日数 $= 12$ とすれば 21,355.07 円となる．このように，回帰直線がわかることで，データがない日の値を推測できるようになる．

この例の場合には，日数から株価を予測している．いい方を換えれば，株価を日数で説明しているとみなせる．したがって，株価を被説明変数（あるいは目的変数）と呼び，日数を説明変数という．この場合には，説明変数が一つだけ（日数）なので，単回帰分析という．

説明変数を二つ以上に増やすことも可能である．例えば，

$$\text{株価} = \text{係数}1 \times \text{日数} + \text{係数}2 \times \text{為替レート} + \text{定数} \qquad \cdots\cdots (2.2)$$

などが考えられる．このような場合を重回帰分析という．厳密にいえば，式 (2.1) や式（2.2）のような式を線形式というので（直線に対応すると考えればよい），式（2.1），式（2.2）の例は線形単回帰分析と線形重回帰分析である．非線形式を使う場合には，それぞれ非線形単回帰分析や非線形重回帰分析となる．非線形

式とは曲線や折れ線に対応する式と考えればよい．本書では今後，線形単回帰分析を回帰分析という．混乱の恐れがない場合には，線形重回帰分析まで含めて，回帰分析という．

重回帰分析の考え方を時系列データに適用する手法の一つが自己回帰分析である．時系列データとは,時系列に沿って値を並べたデータのことである．株価データ，FX データは時系列データである．その他，時刻ごとの温度や湿度のデータ，センサーで定期的に収集するデータなどもそうである．自己回帰分析では，時系列データの値を自分自身のデータ（自己データ）の過去の値から予測（回帰）する．実社会の多くの場面で時系列データが使われているため，自己回帰分析以外にも時系列データに焦点を絞ったデータマイニング技術が研究開発されている．

ある日の株価 z（被説明変数）を前日株価（x）と前々日株価（y）で説明する場合を考えてみよう．重回帰分析の場合と同じように，

$$
\begin{aligned}
&\text{株価}\ (z) = \\
&\quad \text{係数}\,1 \times \text{前日株価}\ (x) + \text{係数}\,2 \times \text{前々日株価}\ (y) + \text{定数}\ (c)
\end{aligned}
$$

とすると，最小 2 乗法を使って係数 1，係数 2，定数を決めることができる．先の重回帰分析を直接的に時系列データに適用したものになっている．つまり，自己の過去の値を使って，将来の値を予測するという方式である．自己の過去の値から説明変数を取り出しているので，自己回帰分析と呼ばれている．

説明変数を増やしてもかまわないので，n 日前までの株価を使って予測することもできる．その場合には被説明変数である株価を，前日の株価から n 日前の株価までを使って表すことになるので，

$$
\begin{aligned}
&\text{株価}\ (z) \\
&\quad = \text{係数}\,1 \times \text{前日株価}\ (x_1) + \text{係数}\,2 \times 2\,\text{日前株価}\ (x_2) + \\
&\qquad \cdots\cdots + \text{係数}\,n \times n\,\text{日前株価}\ (x_n) + \text{定数}
\end{aligned}
$$

という式で係数 1，……，係数 n と定数を決めることになる．

自己回帰分析では，時系列データの特性を活かしたいくつかの拡張手法が開発されている．

2.2　3 層ニューラルネットワーク

ニューラルネットワークは，日本語では神経回路網という．人間の脳の神経回路網は，ニューロンと呼ばれる細胞がシナプスによって結合されている（**図 2.4**）．実際の脳での神経回路網は複雑であり，現在でも十分に解明されていない．それを思い切って単純化したものがニューラルネットワークである．3 層ニューラルネットワークは従来から広く使われている．4 層以上のものを深層ニューラルネットワークと呼んでおり，そのための学習方法がディープラーニング（深層学習）となる．用語の混乱を防ぐために，以下に用語を整理しておく．

- 単にニューラルネットワークというときには，3 層の場合も深層の場合も含む．両者を区別する必要があるときには，3 層あるいは深層を明記する．
- 3 層ニューラルネットワークの学習であることをはっきりさせる必要があるときには，3 層学習と呼ぶ．同様に深層ニューラルネットワークの学習であることをはっきりさせるときには，ディープラーニングと呼ぶ．
- 3 層学習とディープラーニングを区別せずに両方を指すときには，ニューラルネットワークの学習という．

ニューラルネットワークは，非線形重回帰分析を行うことができる強力なモデルである．

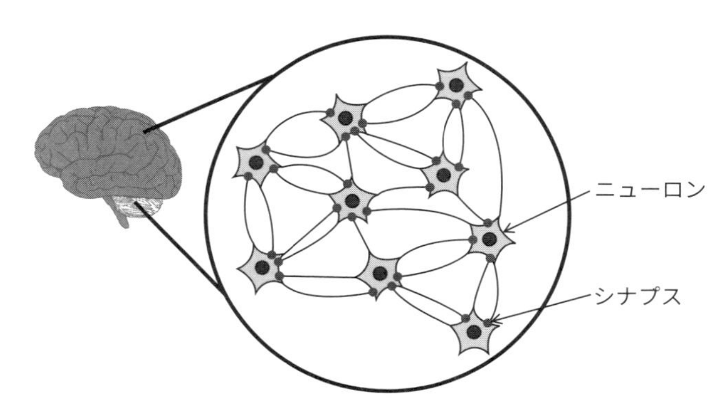

図 2.4　脳の神経回路網

2.2.1 3層ニューラルネットワークの構造

3層ニューラルネットワークモデルのイメージを**図 2.5** に示す．3層は，左から入力層，中間層，出力層と呼ばれる．入力層は外部からデータを受け取る部分である．中間層は入力にも出力にも直接は関係せずに，外部からは隠れているように見えるので，隠れ層ということもある．出力層にニューラルネットワーク全体としての処理結果が出されることになる．

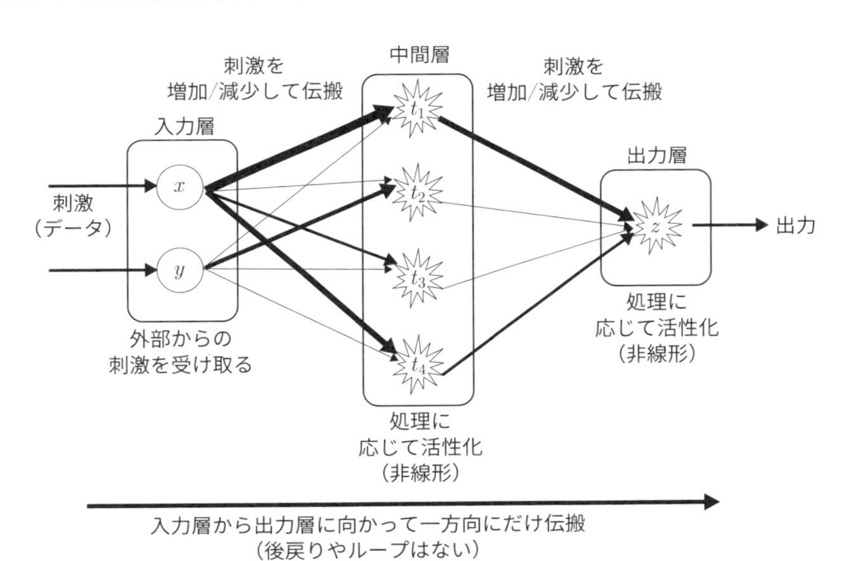

図 2.5 3層ニューラルネットワークモデルのイメージ

各層にある星形のものが1個のニューロンをモデル化したものである．ここでは，それらを素子と呼ぶ．おのおのの素子は刺激（データとして与えられる）を受け取ると，結ばれている次の層の素子に伝える．このとき，素子を結ぶ線は同じではなく，刺激を増加させて伝えるものや，減少させて伝えるものがある．図2.5では刺激の増加や減少の状況を線の太さで描いている．各素子では前の層の複数の素子から刺激を受け取るが，それらの全体に対して非線形な方法で自分の値を決めて，次の層に伝搬させていく．

図2.5で示したイメージをコンピュータ上で実現するためのモデルが**図 2.6** となる．このモデルは以下のようになっている．なお，このモデルの結線には後戻

りやループがないので，厳密にはフィードフォワードニューラルネットワークとなる．

- 入力層のおのおのの素子は中間層の全ての素子と結合されている．
- 中間層のおのおのの素子は出力層の素子（この場合は一つ）と結合されている．
- 素子間の結合には重みが付いている．
- 同じ層の素子間（例えば中間層同士）を結ぶ結線はない．
- 前の層の素子に戻る結線（例えば中間層から入力層，あるいは出力層から入力層）は存在しない．

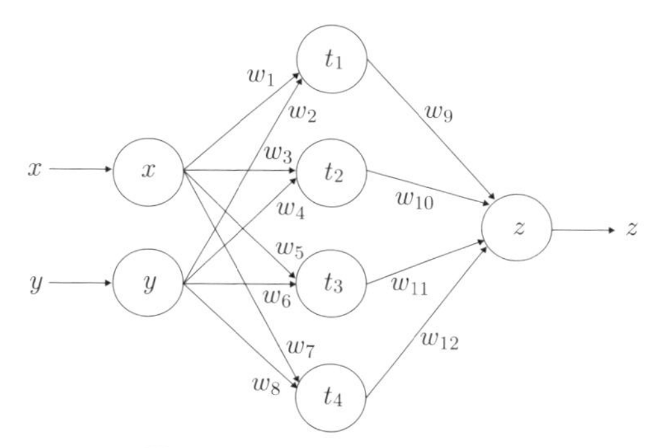

図2.6　コンピュータ上での実現

図2.6では素子間の結合の重みを線の脇に w_1 から w_{12} として示している．コンピュータ上では，素子の刺激はデータで表現されるので，素子間でのデータ伝搬は，データに重みを乗じた値となることを意味している．直観的には，重みが大きい結合で伝わるデータほど重要であり，小さな重みの結合はあまり重要でない．結合する必要がない素子間では，重みを0とすればよいので，上の条件では層間の全ての素子で結合があるとしている．

図2.6のおのおのの素子では，次のように2段階の処理によって出力の値を決める．

素子の出力 ＝
（ア）入ってくるデータ全てに重みを乗じて加算，
（イ）上記の値に活性化関数を適用して自分の出力値を決める．

素子 t_1 について，この処理を数式で書いてみると次のようになる．なお，x と y は外部から入力層の素子に与えられる入力データである．

$$t_1 = S(w_1x + w_2y + h_1)$$

これが上の（ア）と（イ）の二つをまとめて行う式となっている．S は活性化関数なので（後で説明する），入力 x と y に対して，対応する重み u_1 と w_2 を乗じて加算した値に対して，S を適用して出力している．h_1 は活性化のレベルを調整するための定数であり，バイアスという．

ほかの素子も同様である．これらの式を集めたものがこの3層ニューラルネットワークを定義する式となる．

$$\begin{aligned}
t_2 &= S(w_3x + w_4y + h_2)\\
t_3 &= S(w_5x + w_6y + h_3)\\
t_4 &= S(w_7x + w_8y + h_4)\\
z &= S(w_9t_1 + w_{10}t_2 + w_{11}t_3 + w_{12}t_4 + h_5)
\end{aligned}$$

活性化関数 S によって，ニューラルネットワークに非線形の能力を与えることができる．非線形とは，ある境界で急激に値が変わるという性質だと考えることができる．活性化関数としてシグモイド関数がよく使われてきたが，近年では，ほかの関数が使われることも多くなっている．第5章で改めて説明する．シグモイド関数は以下の式で与えられるが，そのグラフ（$a = 5$ のとき）は**図 2.7** となる．

$$S(x) = \frac{1}{1 + e^{-ax}}$$

グラフの中央部 $x = 0$ を境にして，y の値が0付近から1付近まで急激に変わっている．人間の脳ニューロンでは，刺激が一定のレベルを超えたときに活性化状態（興奮状態）となり，それ以下のレベルでは活性化しない．ニューラルネットワークでは，その状況をこのように非線形性をもつ活性化関数によって模倣している．

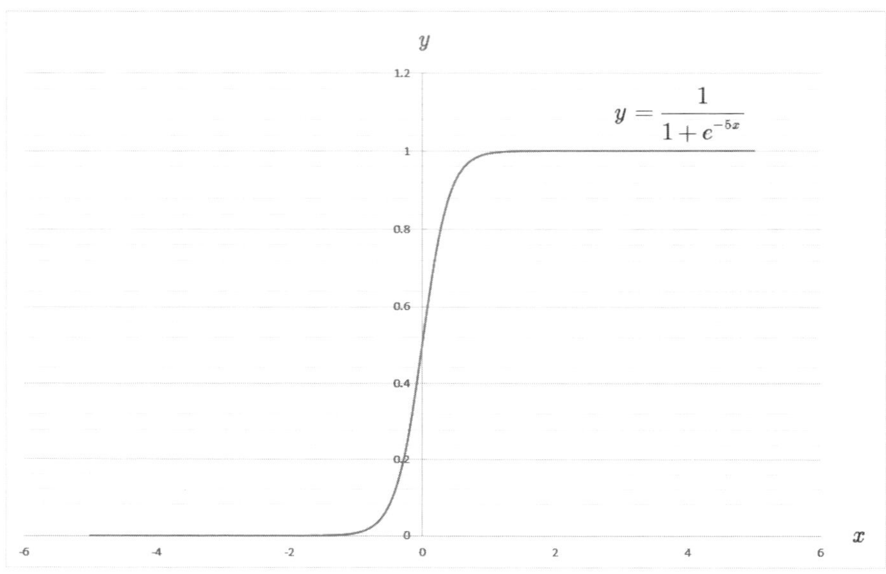

図 2.7　シグモイド関数

2.2.2　3 層ニューラルネットワークの学習

層の数は 3 と決まっているので，各層に何個の素子を設けるかを決める．さらに，活性化関数を決める．本書でいうニューラルネットワークの学習とは，これらの構造が決まった後に，与えられたデータに合うように，ニューラルネットワークの重みとバイアスを決めることである．すなわち，出力と教師データとの誤差が小さくなるように，重みとバイアスを調整することである．学習全体のイメージは**図 2.8** となる．

図 2.8 でニューラルネットワークへの入力データは，回帰分析でいえば説明変数に対応する．被説明変数はニューラルネットワークが出力すべき正しい値なので，教師データといういい方をする．また，説明変数と被説明変数両方を含めて

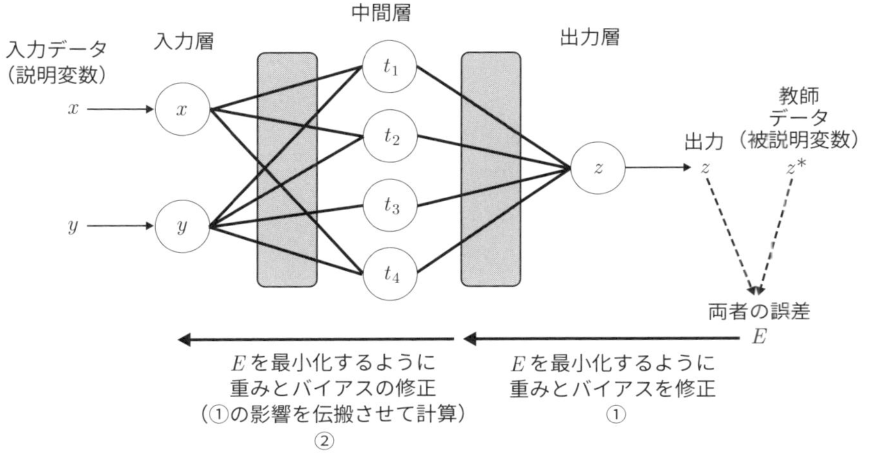

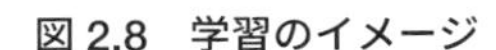

図 2.8　学習のイメージ

学習データということもある．このような言葉の使い方は第 5 章で改めて説明する．

回帰分析のときには，最小 2 乗法という方法で，誤差を最小にする係数と定数を決めることができた．しかし，ニューラルネットワークの場合には，活性化関数という非線形な要素を含んでいるために最小 2 乗法を使うことができない．そのため，誤差逆伝搬法（バックプロパゲーション，back propagation）という手法を使うことになる．誤差逆伝搬法の概要は，以下のような繰返しである．

1. 全ての重みとバイアスを乱数（ランダム）により決める．
2. 今の重みとバイアスによって，入力に対して出力を計算する（順方向）．
3. 出力と教師データとの誤差を計算する．
4. 誤差が小さくなるように出力素子から入力素子まで逆方向に遡りながら，重みとバイアスを修正する（逆方向）．
5. 上記 2，3，4 を当初に定めた条件を満たすまで反復する．

このように，誤差逆伝搬法は誤差を小さくするように重みとバイアスの修正を繰り返す．上記の 4. にあたる修正処理では，出力層の素子から中間層の素子への重みの修正を行い，次に中間層から入力層の修正を行う．このように逆方向に向かって修正を進めるので，誤差逆伝搬という名前が付いている．図 2.8 では 3 層ニューラルネットワークを示しているが，誤差逆伝搬法は原理的には層がいくつであっても適用できる手法である．

線形回帰分析とニューラルネットワークの比較では，**図 2.9** のようなデータは線形関数で十分に近似できない．しかし，3 層のニューラルネットワークは**図 2.10** のように近似できる．すなわち，ニューラルネットワークは汎用の非線形回帰分析を行うことができる．ただし，**図 2.11** のような 2 層の場合には限界がある．このような 2 層の場合には，「パーセプトロン」と呼ばれている．すなわち，ニューラルネットワークは 3 層以上になって能力を発揮できる．パーセプトロンなどの説明は第 5 章に譲る．

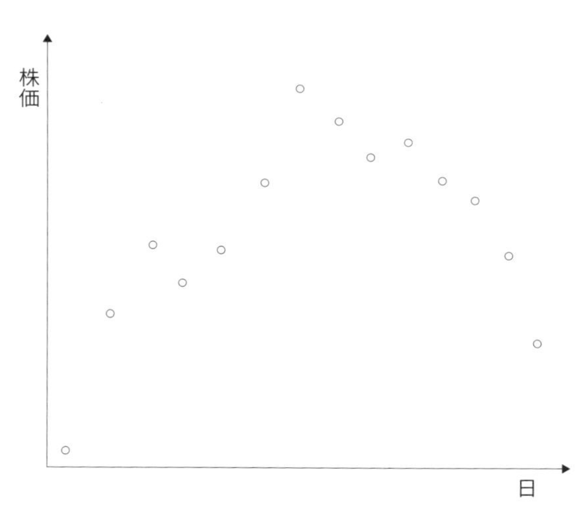

図 2.9　線形近似できない株価

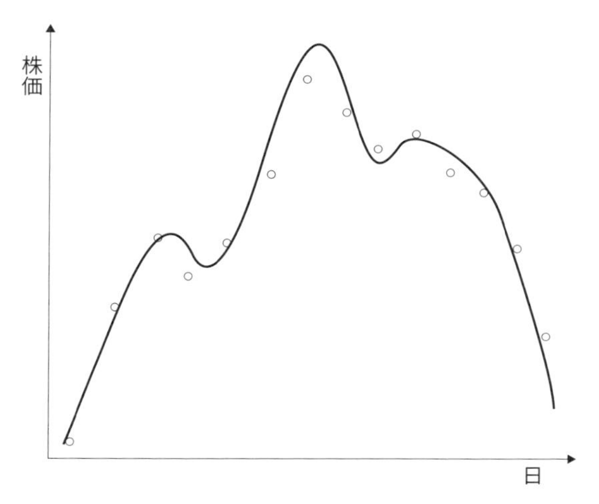

図 2.10　株価のニューラルネットワークでの近似

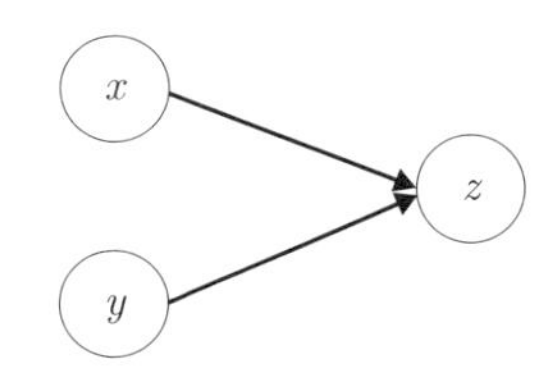

図 2.11　2 層のニューラルネットワーク

2.2.3　学習手法の問題点

ニューラルネットワークは，中間層に十分な数の素子があれば，どんな関数でも近似できるという強力な機能をもつが，誤差逆伝搬法に基づく学習には，以下の 1. から 4. で示すような問題点がある．

1. 誤差逆伝搬法は最適値が求まる保証がない．
2. 学習に時間がかかる．さらにコンピュータのメモリ使用も大きくなる．
3. 学習データに過度に依存する過学習が発生しやすい．
4. 学習後のニューラルネットワークがなにを学習したかがわからない．いわゆるブラックボックスである．

これらについて簡単に説明する．まず 1. の最適解が求まる保証がないという問題である．回帰分析で使う最小 2 乗法は，誤差を最小にする値を確実に求めることができる手法である．したがって，その結果は最適であることが保証される．一方，誤差逆伝搬法をイメージ的に説明すると，例えば**図 2.12** のように丸（○）から始めて，誤差が小さくなるように○の場所を移動させていく．図 2.12 でわかるように，○は下の方向に向かって勾配を降下していくので，この考え方を勾配降下法という．この勾配降下中に，点 A のように，その近くでは最も小さな値（これを極小値という）をとる点があると，そこで移動が止まる可能性をもっている．すなわち，本当の最小値は点 B であるが，誤って点 A を最小と判断してしまう．この理由により，誤差逆伝搬法では最適な重みやバイアスを見つけられる保証がない．

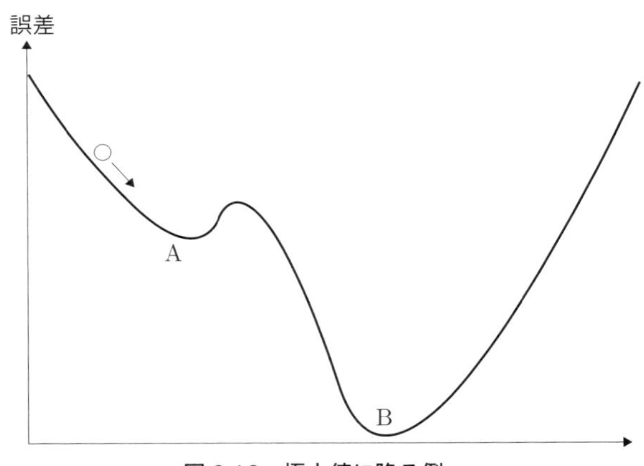

図 2.12　極小値に陥る例

この問題を回避するために，値を意図的に変動させて学習させるなどの方法をはじめとして，さまざまな技術が開発されているほか，現在も新たな技術開発が行われている．

2. の学習時間やメモリ使用量については，コンピュータの性能は確実に向上しているし，並列処理などの高速化技術も広く用いられるようになってきている．ニューラルネットワークのためのツールでは，自動的な並列処理の機能などが組み込まれており，利用するコンピュータ環境の性能を十分に活かすことができるようになっている．

3. の過学習については，学習時に与えたデータに過度に依存してしまい，未知のデータに対する予測能力が低下するという問題である．例えば，4 輪の自動車データを使って自動車という概念を学習させたとき，タイヤが 4 輪ということに過度に依存すれば，6 輪以上のトラックなどを自動車として認識できなくなる．

4. のブラックボックスという問題については，誤差逆伝搬法の課題というよりも，ニューラルネットワークという仕組みの問題である．実は回帰分析も同様の問題を含んでおり，データマイニングの技術全体についての問題ともいえる．第 6 章で説明するように，学習済みのニューラルネットワークや回帰式から人間にわかりやすい知識を取り出す研究も始まっており，これからの発展が期待されている技術である．

2.3　深層ニューラルネットワークとディープラーニング

前節で述べたニューラルネットワークは，入力層と出力層の間に一つだけの中間層を置いた 3 層ニューラルネットワークであった．中間層は何層に重なっていても原理的にはかまわないので，いくらでも深い層をもつニューラルネットワークを作ることができる．4 層以上（すなわち中間層が二つ以上）のニューラルネットワークのことを深層ニューラルネットワークと呼ぶ（**図 2.13** 参照）．深層ニューラルネットワークの学習がディープラーニングであることは，前節で述べた通りである．ディープラーニングを日本語にすれば深層学習である．どちらの用語も使われているが，本書執筆時点では，ディープラーニングの方がよく使われているのでそれに合わせる．用語については，前節で整理しておいたので適宜参考にしていただきたい．

次項ではディープラーニングの概要を説明し，その次にディープラーニングを構成する技術のうち第 3 章と第 4 章で用いるオートエンコーダやデノイジングオートエンコーダなどの概要を説明する．

2.3.1　ディープラーニングについて

深層ニューラルネットワークといっても，基本的な部分は前節で説明した 3 層ニューラルネットワークと同じである．すなわち，素子は層ごとに分かれており，素子の間は重み付きで結線されていてデータが伝搬される．その学習の基本は誤差逆伝搬法である．先に説明したように，誤差逆伝搬法には層の数による制限はないので，原理的にはいくらでも深い層をもつ深層ニューラルネットフークにも

適用できる．このような深層ニューラルネットワークは以前から考えられていたが，あまり使われておらず，3 層のものが広く使われていた．その理由は，中間層の素子が十分な数なら，3 層あれば任意の関数を近似できる能力をもっていることと，誤差逆伝搬法による学習の問題点が深層になるほど深刻化し，使いこなすことが難しかったからである．ディープラーニングの技術開発が進むにつれて，深層ニューラルネットワークが能力を発揮できるようになってきた．

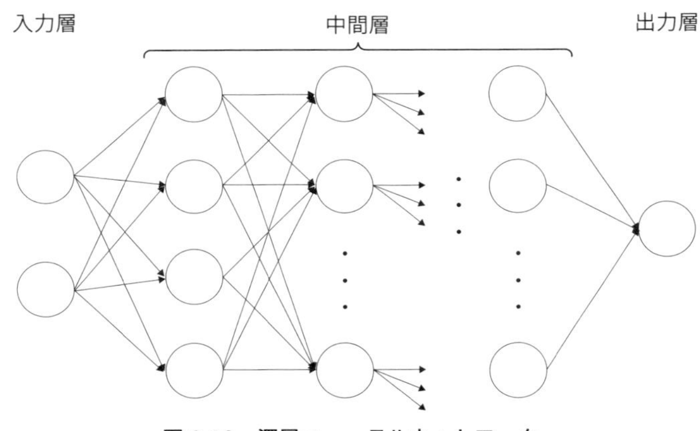

図 2.13　深層ニューラルネットワーク

前節で述べた誤差逆伝搬法に基づくニューラルネットワークの学習には，すでに指摘したように 1. から 4. のような問題があった．深層ニューラルネットワークの場合には，これに加えて次の問題 5. も深刻になってくる．

5. 誤差逆伝搬の途中で勾配消失が発生し学習が進まなくなる（勾配消失問題）．

誤差逆伝搬法では，教師データと出力との誤差を減らすために，2.2.3 項で説明した勾配降下法という考え方によって重みとバイアスの調整量（これを勾配という）を求め，入力層に近い層の素子に分散して伝搬させていく．一般に，勾配は出力層に近いほど大きな値となるが，層が入力層に近くなるにつれて減少する傾向にあり，途中の層から先は 0 になって消失することがある．これが勾配消失である．勾配は調整量なので，これが 0 になってしまえば，もはや重みやバイアスは修正されなくなり，学習が進まなくなる．また逆に，出力層に近い層での勾配が増えすぎる勾配爆発という問題もある．

これらの問題のため，単純に層を深くしただけの深層ニューラルネットワークを使っても，誤差逆伝搬法による学習がうまくできない．これらの解決には，さまざまな技術を組み合わせて用いる．ディープラーニングとは，さまざまな解決技術の集まりであり，単一の技術ではない．

2.3.2 オートエンコーダと事前学習

深層ニューラルネットワークでは，前項で述べた 1. ～ 5. のような問題が 3 層の場合よりも深刻となる．この解決のために使われる技術の一つが事前学習である．勾配消失は層が深くなると深刻になるが，3 層程度ならあまり問題にならない．そこで事前学習では，深層ニューラルネットワークから少しずつ層を取り出して，オートエンコーダという特殊なニューラルネットワークを作り，取り出した層に対応する重みとバイアスを学習させる．これを繰り返して，全部の層に対する重みとバイアスを学習させる．この学習は，深層ニューラルネットワーク全体そのものに対する学習ではないので，事前学習と呼ばれる．事前学習により決めた重みとバイアスを初期値として，深層ニューラルネットワーク全体に対する誤差逆伝搬法による学習を改めて行う．通常の誤差逆伝搬法では，重みとバイアス初期値をランダムに決めてスタートするのに対して，この方法では，事前学習で決めた重みとバイアスを初期値とする点が異なっている．この方法でうまくいくことが多いことの理論的な解析は研究途上にある．しかし，経験的には成功する事例が多いことが報告されている．

事前学習を行う際に構築するニューラルネットワークが，「オートエンコーダ (autoencoder)」であり，日本語にすれば「自己符号化器」となる．入力データを中間層で処理（符号化）した後に，入力と全く同じデータとして出力するので自己符号化である．中間層での符号化により，入力データの特徴が中間層に表現されることが期待できる．**図 2.14** に示すように，入力層と出力層は同じ素子数をもっており，入力と同じデータが出力される．3 層ニューラルネットワークなので，深層ニューラルネットワークの学習で生じる問題はほとんど発生せずに，誤差逆伝搬法で学習させることができる．入力層と出力層が同じなので，深層ニューラルネットワークから入力層と中間層に対応する 2 層を取り出して，入力層と同じ出力層を付加することでオートエンコーダを作ることができる．詳細は第 5 章で説明する．

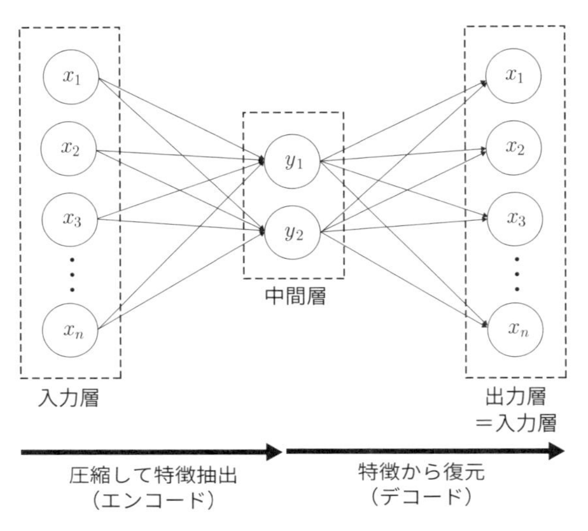

図 2.14　オートエンコーダ

2.3.3　デノイジングオートエンコーダとその他の技術

ニューラルネットワークの学習では，先に説明したような過学習という問題もあり，単純に層を深くしただけのニューラルネットワークで深刻になる．ディープラーニングでは，この解決のための技術が多数開発されている．その一つがデノイジングオートエンコーダである．ニューラルネットワークとしての構造はオートエンコーダと同じであるが，学習時のデータに意図的にノイズを混入させて使う点が異なる．すなわち，元のデータを X とすれば，それにノイズ θ を加えた $X+\theta$ を与えて学習させる．ノイズ付きのデータで学習することにより，データ中の本質的な特徴を反映して，過学習が減少するとされている．

そのほかに，深層ニューラルネットワークの一部について強制的に学習をストップさせる方法（ドロップアウトやドロップコネクトと呼ばれる）なども開発されている．

活性化関数の選び方も学習に関係する．本章では活性化関数の例として，シグモイド関数を説明した．この関数は，ゼロ付近で急激に値が変化するが，それ以外の部分では値がほぼ一定となる．この性質が勾配消失につながりやすいことがわかっている．活性化関数の改良によって，勾配消失や勾配爆発を起こりにくくする手法も開発されている．また，活性化関数の改良は，学習の高速化にもつながることも判明している．詳細は第 5 章で説明する．

上記以外にもさまざまな技術があるが，ディープラーニングではそれらをうまく組み合わせて適用する必要がある．組合せの可能性が多数あるほか，各技術を使う場合のパラメータも最適なものに調整する必要がある．多大なコンピュータ能力を必要とする試行錯誤的な調整作業が必要となる．

2.4　金融データの前処理

1.3 節でデータマイニングの過程を説明した．その過程にはデータ前処理という作業が含まれていた．前処理は対象領域の性質や特徴に依存して行われることが多い．第 3 章と第 4 章で説明する株や FX などの金融の分野では，以前からよく使われている手法がある．そのなかでもとくに，移動平均について株を例にして説明する．

表 2.2　移動平均の例

	株価	移動平均（区間長 ＝3）	移動平均（区間長 ＝6）
1 日目	100		
2 日目	110		
3 日目	120	110.0	
4 日目	300	176.7	
5 日目	90	170.0	
6 日目	30	140.0	125.0
7 日目	90	70.0	123.3
8 日目	80	66.7	118.3
9 日目	190	120.0	130.0
10 日目	60	110.0	90.0
11 日目	20	90.0	78.3
12 日目	70	50.0	85.0
13 日目	80	56.7	83.3
14 日目	110	86.7	88.3
15 日目	90	93.3	71.7

移動平均は，通常の平均（相加平均）を時系列データに拡張したものである．株価は毎日変動しているが，ある一定の期間（区間）で見たときに，平均してど

の程度の株価で動いているかを示すものが移動平均となる．**表 2.2** のデータを使って説明しよう．ある会社の株価が初日は 100 円，次に 110 円，3 日目に 120 円と動いたとする，この 3 日間での平均株価を問われたとき，これらの平均は，

(初日の 100 円 ＋2 日目の 110 円 ＋3 日目の 120 円)/3＝110 円

として求める．3 日間という区間の長さを決めて（これを区間長という），3 日間での平均株価の変動状況を調べたいときには，上記のような計算を 1 日ずつずらしながら行えばよい．つまり，次の移動平均値は，

(2 日目の 110 円 ＋3 日目の 120 円 ＋4 日目の 300 円)/3＝176.7 円

となる．表 2.2 は区間長 ＝3 の場合と区間長 ＝6 の場合の計算結果を示している．区間長 ＝3 の場合には，3 日分のデータがそろうまでは計算できないので，最初の 2 日に対しては移動平均値が計算できない．区間長 ＝6 の場合には，最初の 5 日に対しては計算できない．一般的に，区間長を n とする移動平均では，最初の $n-1$ 日目までは移動平均値が計算できないことになる．表 2.2 の元データと移動平均値をグラフで描くと**図 2.15** となる．なお，グラフの実線は元の株価を示し，点線は区間長＝3 の場合，一点鎖線は区間長＝6 の場合を示している．このグラフからわかるように，移動平均の区間長が長くなるほど，短期的な影響が少なくなり，長い目で見たときの状況が示されることになる．株価の場合の区間長は，短期の価格変動が見たいときには 5 日や 25 日，中期の動きが見たいときには 75 日，長期の動きが見たいときには 200 日などの値を使うことがよくある．

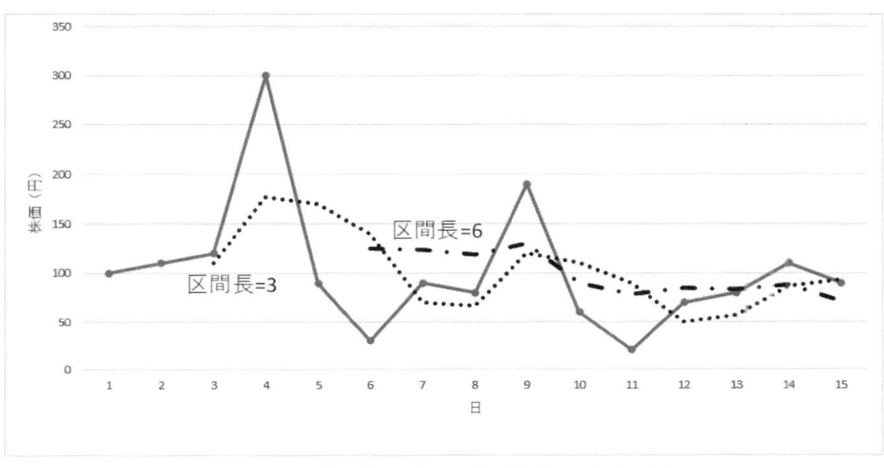

図 2.15　移動平均のグラフ（区間長＝3 および 6）

上記で説明した移動平均は，毎日の株価を単純に加算して区間長で割るので，単純移動平均ということもある．単純移動平均以外にも，重みを付けて計算する方法（加重移動平均）がある．つまり，今日に近いデータほど影響が大きく，過去のデータになるほど影響が少なくなると考えて，各データに重みを付けて加算する．すなわち，区間長が n のときの重み付き移動平均値は以下のように求める．この計算を 1 日ずつずらしながら行う．

$$\text{今日の加重移動平均値} = (W_n \times n\,\text{日前のデータ} + W_{n-1} \times (n-1)\,\text{日前のデータ} + \cdots\cdots + W_1 \times \text{昨日のデータ})/n$$

そのほかにも，重みの調整に指数関数を使う指数移動平均という手法もある．第 3 章，第 4 章では単純移動平均のみを使う．移動平均値を結ぶ折れ線グラフを移動平均線というが，第 3 章，第 4 章では移動平均線上の値のことを省略して移動平均線ということがある．

第3章 株のデータマイニング

本章では，3 層ニューラルネットワークと深層ニューラルネットワーク（ディープラーニング）を用いて，株のデータマイニングを行う．具体的には，日経平均の予測と売買シミュレーションである．

3.1 はじめに

今世紀に入って，日本でも金融の自由化が進み，都市銀行が新たに証券部門を設立するなどした．為替に関しても FX 取引が普及してきた．さらに，最近では，ビットコインなどの仮想通貨の取引も普及し始めている．これらの金融関連の事象を工学的（科学的）に捉えられるようになっておく必要がある．その学問が「金融工学」である．

金融工学とは，高度な数学理論，複雑な確率計算，計算機シミュレーションなどを用いて，オプション取引などの金融商品に伴うリスクを管理する手法や，新商品の開発などを研究する学問のことである．その主要な研究項目は以下である．

1. 証券（株価）および派生証券の予測
2. 派生証券の値付け
3. 資産配分（の最適化）
4. リスク管理

本書で紹介する方法は，金融工学的な方法である．

株価の予測の方法は，大きく分けて二つある．「ファンダメンタル」と「テクニカル」である．ファンダメンタルとは，株価の予測を，その企業の業績，資産内容，景気動向，円ドルレートなどで予測する方法である．資産内容が悪ければ

売りであり，有望な新商品が出そうならば買いである．これから伸びそうな業種は買いである．円ドルレートが円安に振れると，輸出企業にはプラスになる．したがって，買いである．ファンダメンタルで予測を行うのは，結構たいへんな作業である．資産内容，業績，景気動向などを正確に把握しなければならない．しかも，早い時期に把握する必要がある．皆がそう思ってその株を買い，株価が上がってしまってからでは，当然手遅れである．

テクニカルとは,株価の過去の値の動きから株の予測をする方法である．罫線，移動平均線，一目均衡表など，いろいろな手法が存在する．ここでは，これらの詳細は紹介しないが,「ゴールデンクロス」と「デッドクロス」を取り上げて説明する．例えば,移動平均線は短期（5 日, 25 日), 中期（75 日, 100 日), 長期（200 日）といくつかある．中期線が長期線より上に突き抜けたら，株価上昇の兆候であり，これをゴールデンクロスという．逆に下に突き抜けたら，下降の兆候である．これをデッドクロスという．テクニカルとは，このようにして株価の変動を予測することである．

ゴールデンクロスとデッドクロスのみによる予測通りに株価が本当に動くのであれば，株価の予測はきわめて簡単である．しかし現実には,「絶対にそうなる」のではなく,「そのようになることが多い」ということである．したがって，実際に株価の予測をするときには，ファンダメンタルとテクニカルを組み合わせて行うことが多いようである．本書で紹介する方法はテクニカルである．

3.2　株価予測に関する考察

3.2.1　株価のシステム

まずここでは，過去の株価の値動きから予測が可能である根拠を述べる．株価は，種々の要因で決まる．その要因をいくつかあげると，過去の株価，政治情報，経済情報，為替情報，…であろう．その概略図が**図 3.1** である．投資家が，それらの情報を判断して，株の売買をし，今日の株価が決まっている．投資家の性向が同じならば，同じような外因，すなわち，同じような政治状況，経済状況になれば，株価も同様に変動するといえる．

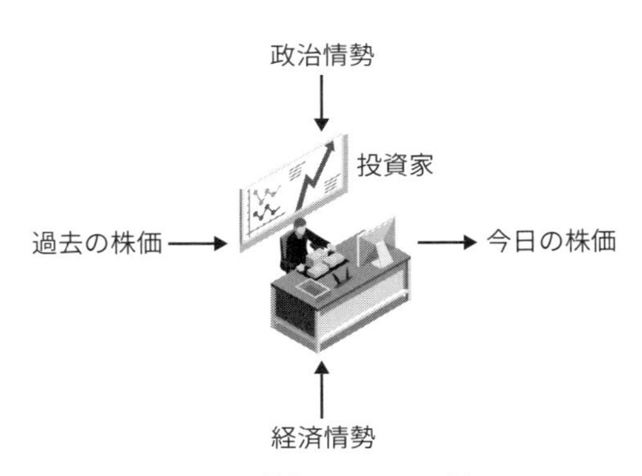

図 3.1　株価のシステム図

これを式で表せば，

$$S(t) = f(S(t-1), P, E, \cdots)$$

となる．ここで，記号は以下の通りである．

$S(t)$：今日の株価
$S(t-1)$：昨日の株価
t：時間（単位は「日」）
P：政治状況
E：経済状況

この関数 $S(t)$ はかなり複雑な関数であり，具体的に書き下ろすのは不可能である．投資家は，（ほかの）投資家の動きも，ある程度予測して売買行動をする．したがって，図 3.1 の「投資家」は**図 3.2** のような構造をもっているといえる．図 3.2 では，現在の株価（の情報）が投資家に再帰的に入力されている．これは，投資家が，現在の株価もしくは少し先の株価を予測しながら，売買していることを意味する．これは当たり前のことである．が，投資家にもさまざまな人がいるから，実際の投資家の挙動は，図 3.2 のように単純ではない．長年，株の売買をしている個人投資家，機関投資家，経験の少ない個人投資家，外人機関投資家など，さまざまな人がいる．

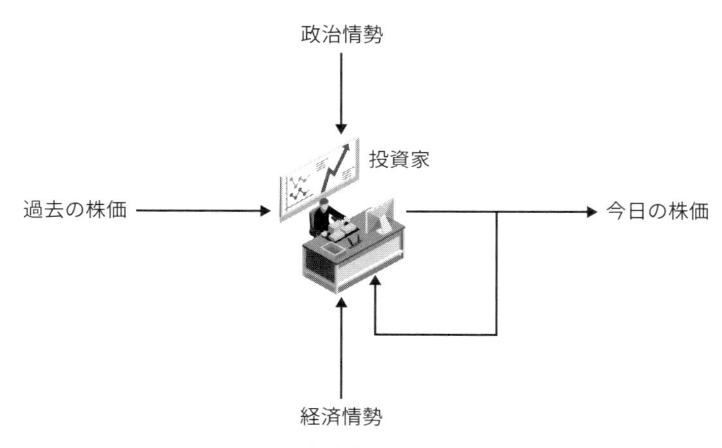

図 3.2　投資家のシステム図

投資家の考え方，市場の仕組みなどに変化がない限り，システム定数が変わらないと考えてよい．システム定数が変わらない限り，過去と同じことが未来も起こることになる．

3.2.2　投資家集団について

株価予測とは，すなわち投資家の集団の動きの予測である．材料に対して投資家がどのように反応するかである．100 年前の投資家と現在の投資家が同じシステム定数をもつかどうかは不明であるが，数年の間は同じ投資家がかかわるという前提にたてば，ほぼ同じであると考えてよいであろう．投資家集団のシステム定数が変わる要因はいくつかあるが，例えば以下の要因が考えられる．

1. 新しい株価予測の理論が普及した場合：例えば，ダウの 20 日ルールが普及したとき．
2. 新しい金融商品が出た場合：例えば，日経平均先物ができたことによって，株価の動きは変わった．
3. 新しい取引手段が出現した場合：例えば，インターネット取引が出現したとき．
4. 取引に関する制度が変わった場合：例えば，空売りを認めるかどうかで株価変動は変わる．

投資家集団のシステム定数が変わるのは，これだけではない．彼らは恒常的に学習している．したがって，その学習効果で投資家集団のシステム定数が変わる．しかし，この学習も一様ではない．学習の早い人，学習の遅い人，ほとんど学習をしない人もいるだろう．

従来の株式市場の理論は，基本的に投資家は合理的であるということが前提になる．しかし現実には，合理的である投資家はどのくらいいるであろうか．合理的であると思っている人は多いであろうが，合理的である人は少ないであろう．

予測をするうえで最も重要なのは，投資家集団のシステム定数の変化である．いつ変化したのかどうかを見きわめることが最も重要である．われわれは，構造に関しては，モデルをもっていない．したがって，システム変数が変化したか，変化しないかは，売買シミュレーションの結果で判断することになる．すなわち，学習したモデルで予測したときに利益が出れば，学習した期間と予測した期間では，システム変数が同じであった，とみなすのである．学習期間と予測期間のシステム定数が同じであれば，同じような時系列データになるであろうし，それが違えば，異なる時系列データになるであろう．同じような時系列データになれば，利益は出るであろうし，異なる時系列データになれば，利益は出ないであろう．

3.2.3　予測対象の選定

予測しやすいのは，統計的安定性をもっている対象である．そのためには，取引高が多くなければならない．また，個人もしくは集団の意思の影響を受けにくくなければならないが，取引高が多ければ，同時に，個人や集団の影響を受けにくくもなる．

個別株は，個人の意思もしくは集団の意思で動きやすい．個別株は，例えば，仕手筋などの動きで左右される．また個別株は，企業の業績に左右される．そのような情報がいつ出されるか，投資家にはわからない．したがって，個別株はテクニカルでは予測しにくいといえる．個別株の予測には業績などのファンダメンタルな手法が不可欠である．

これに対して，日経平均を個人の意思で動かすのは不可能である．日経平均を動かせる集団としては日本国政府があるが，日本国政府にしても，1998 年 3 月あたりの株価を日経平均で 17,000 円程度にもっていこうとしたが，結局，16,000 円にもいかなかった．このように，日経平均は取引高が多いので，個人や集団が動かすのは不可能に近い．また，各企業の業績の影響であるが，225 社の平均をとっているので，1 社の業績が急変しても，それほど影響を受けない．

日本に限定して株でいえば日経平均先物が最も取引高が大きい．日経平均先物の取引高は現物株（普通の株）の取引高より多い．ということで，予測対象は日経平均先物にする．次に，日経平均先物の説明を行おう．

3.2.4　日経平均先物について

デリバディブとは金融派生商品のことで，ほかの資産の価格などの指標に依存して価格が決まる証券のことである．先物とかオプションなどがそうである．先物は，日本が世界に先駆けて，江戸時代に米の先物として実施した．

日経平均とは，日本企業 225 社の株価の平均である．日経平均先物とは，その日経平均が将来どう動くかを予測して，売り買いする取引のことである．こういっても，よくわからない人が多いと思う．筆者自身も，よくわからなかった．要するに，日経平均という株が存在し，その売買ができると考えればよい．その価格は，日本の企業 225 社の株価の平均である．しかし，売買できる日経平均先物は，細かいことをいうと，日経平均と全く同じ数値ではない．少し異なるが，ほぼ同じと考えてよく，連動しているといってよい．日経平均先物は，日本では大阪取引所で扱われている．日本以外では，アメリカのシカゴとシンガポールで取引がされている．

日本でのこのような株価指数先物は日経平均以外に，TOPIX とか日経 300 とか数種類あるが，取引高が最も多いのは日経平均である．外国ではアメリカの S&P 500，ドイツの DAX，香港のハンセンなどがある．世界的にみると，S&P

500 の取引高がいちばん大きい．S&P 500 はアメリカの 500 社の株価の平均で，これが日経平均に近い．

株価指数として有名なのはダウ平均であるが，これは米国の 30 社の株価の平均で，米国の元気のよい企業を選んでいて，企業の入れ換えを頻繁に行っている．日本でも毎日新聞社がダウ平均に対応するような，日本企業 30 社の平均を出している．

日経平均も企業の入れ換えを行ってはいるが，日本の産業の実態をよく反映していないという批判もある．しかしながら，投資という観点から考えると，投資対象として好ましければよいのである．投資の観点からみた，日経平均先物の最大の特徴は，取引高が多くて，個人の意思や集団の意思が反映しにくい，ということである．

しかし，日経平均先物は普通の個人の投資家というよりは，プロが取引をしているので，いってみれば激戦区である．しかし，冒頭で述べたように，日経平均先物を取引している集団の構成が変わらない限り，もしくはその集団の売買方法が極端に変わらない限り，日経平均先物の価格変動の機構が変わらないといえる．

日経平均先物の取引で現物株の取引と異なるのは，以下の項目である．

1. 決められた期日内での取引である．具体的には，3 月，6 月，9 月，12 月の第二金曜日の前日が最終取引日である．今日が 7 月 28 日としよう．そうすると，今日売買できるのは，9 月限の日経平均先物と 12 月限の日経平均先物，…といくつかある．しかし，出来高からすると，圧倒的に 9 月限が多い．そこで，売買するのは，今日（7 月 28 日）だったら 9 月限になる．これを一般的に「期近物」という．期近物の売買に限定すれば，3 ヶ月以内に反対売買（反対売買とは，先に買った場合には売ることであり，先に売った場合には買うことである）をしなければならない．最後までもっていると，最終取引日の翌日の始値を基準にした「特別清算指数（SQ）」で権利行使することになる．これは，簡単にいうと，最終取引日の翌日の始値で売買するということである．
2. 売買単位は日経平均先物の 1000 倍である．これを 1 枚と呼ぶ．したがって，日経平均先物が 21,000 円だったら，1 枚は 21,000 × 1000 = 21,000,000 円，すなわち 2,100 万円となる．1 枚売買するのに証拠金が必要になるが，この

金額は証券会社によって異なる．

3. 反対売買による差金決済である．すなわち，最初の売買では金を払わなくてよい．反対売買で利益が出ればその利益分が入ってくるし，損が出ればその分だけ金を払わねばならない．21,000円で買って19,000円で売ったならば，2000 × 1,000〔円〕＝200〔万円〕の損であり，21,000円で買って22,000円で売った場合には1000 × 1,000〔円〕＝100〔万円〕の利益である．
4. 手数料は証券会社によって異なる．

3.3　株価予測の方法

同じニューラルネットワークによる予測といっても，入力をどうするか，教師データをどうするかで，いろいろな方法がある．なにを使ってなにを予測するのかを決めることが，予測をするときの最も大きな問題である．以下では，ニューラルネットワークになにをいくつ入力し，なにを出力するかを考える． なお，これ以降3.6節まで「ニューラルネットワーク」とは3層ニューラルネットワークのことである．

3.3.1　天井度を予測する

ここでは，過去の株価だけで予測することを検討しよう．日経平均（日足）でいえば，今日から過去何日分かの株価をニューラルネットワークに入力して，今日の株価の指標を出すことを考えてみる．過去の株価だけから予測する方法は，自己回帰分析といわれる．自己回帰分析に関しては，第2章を参照してもらいたい．

入力：過去の株価
出力：今日の株価の指標

指標はいろいろあるが，実際に最もほしい指標は，現在の株価の天井/底度であろう．売買は基本的に，底で買い天井で売りたい．もしくは，天井で売って底で買い戻したい．したがって，現在の株価が天井/底のどのあたりにいるかがわかるようにしたい．この指標を「天井度」と名付ける．しかし，この天井度という指標を作成するのは困難である．

3.3.2　天井度の求め方

ここでは，ニューラルネットワークの出力，すなわち，教師データである天井度の計算方法について述べる．天井/底の判定方法は乖離率などを参考にして決めることにするが，詳細はここでは述べない．その結果の一部（1998 年）を**図 3.3** に示す．図中の○が天井で，×が底である．天井度は天井で 1，底で 0 とする．各株価はその株価の両側の天井（1）と底（0）で正規化され，[0, 1] の数値となる．これで入力と教師データ（出力）は決まった．次に決めなければならないのは入力の数である．

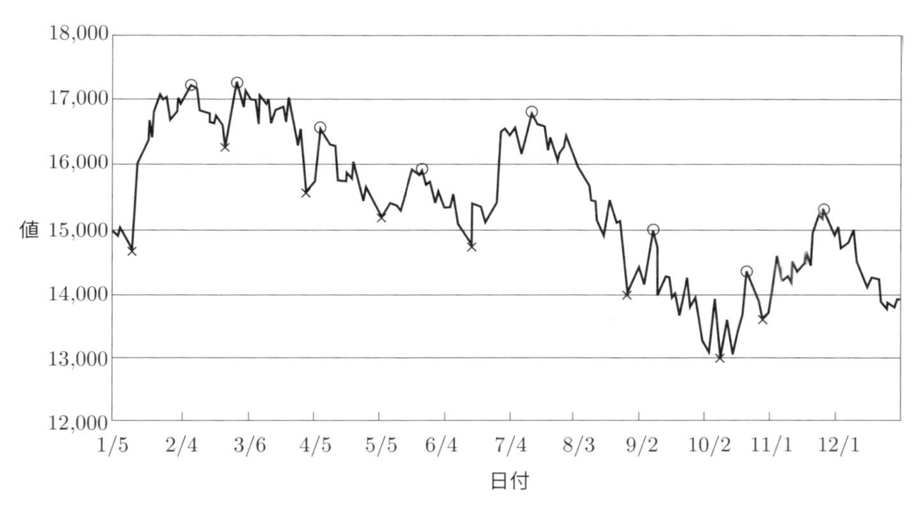

図 3.3　日経平均（1998 年）

3.3.3　入力について

多くの投資家が約 60 日に周期性があることを指摘している．その周期性の原因は解明されていないが，金融制度に要因があると考えられる．例えば，日経平均先物は 3 月，6 月，9 月，12 月に限月がくる．また現物株でも，信用取引のときは，3 ヶ月もしくは 6 ヶ月が期限である．さらに，金融以外の経済関連の指標も，3 ヶ月（例えば 1 〜 3 月，4 〜 6 月など）や 6 ヶ月（上半期，下半期）のようにまとめられる．3 ヶ月とは株の取引日でいうと，おおむね 60 日である．したがっ

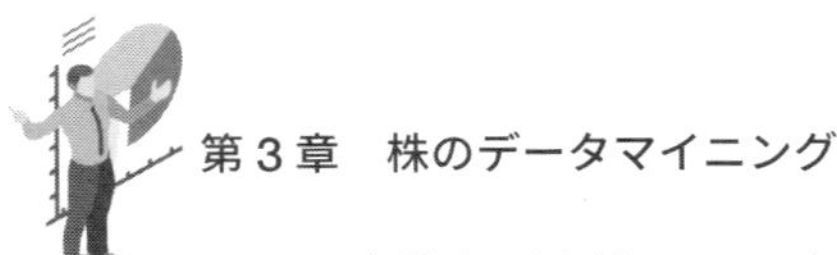

て，入力数などを決めるときには，これを踏まえて決めることにする．

3.3.4　直接入力

例えば，日経平均の終値を入力として，天井度を出力するような学習をしてみよう．学習するニューラルネットワークの構成などは以下の通りである（**図 3.4**）．

入力数：	60 個，過去 60 日分の日経平均の終値
出力（教師データ）：	天井度
中間素子数：	60 個
学習期間：	1988 年～ 1997 年の 10 年間

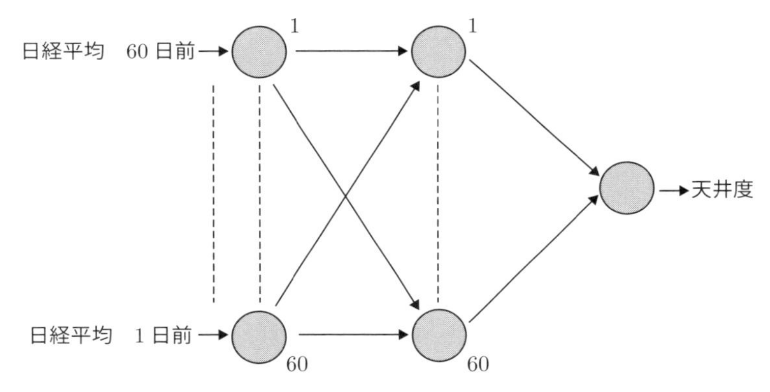

図 3.4　日経平均直接入力のニューラルネットワークの構成図

この学習の結果は失敗であった．やはり，日経平均の終値を入力として，天井度を出力するニューラルネットワークを学習するのは，非常に困難なのであろう．一言でいえば，そのような関数はかなり複雑なのである．中間素子の数を増やせば，あるいは，入力の数を増やせばうまく学習できるのかもしれない．しかし学習できたところで，過学習気味になって，予測はだめであろう．

3.3.5　乖離率入力

直接入力をやめて，別の入力を考えてみよう．テクニカル指標を入力にしてみる．多くのテクニカル指標があるが，最も単純なのが乖離率であろう．そこで，ここでは乖離率を入力する．乖離率の定義は以下のようにする．この定義は一般的な定義とは少し異なる.

$$\text{乖離率} = \text{株価} / \text{移動平均線}$$

なお，移動平均線は60日移動平均線を用いる．また，60日移動平均の計算は，今日の終値から59日前の終値までの60個の終値で計算する．**図3.5**は1998年の日経平均，60日移動平均線，乖離率のグラフである．日経平均の目盛は2,000円刻み，乖離率の目盛は0.2刻みである．図からわかるように，乖離率は天井/底と関係が深いが，直接的に対応していない．移動平均線は，当然のことながら，過去の値を使って平均をとるので，現在の株価の動きからすれば，移動平均をとった日数だけ遅れる．それで，乖離率が天井/底と対応がとれないのであろう．この乖離率をニューラルネットワークへの入力にする．

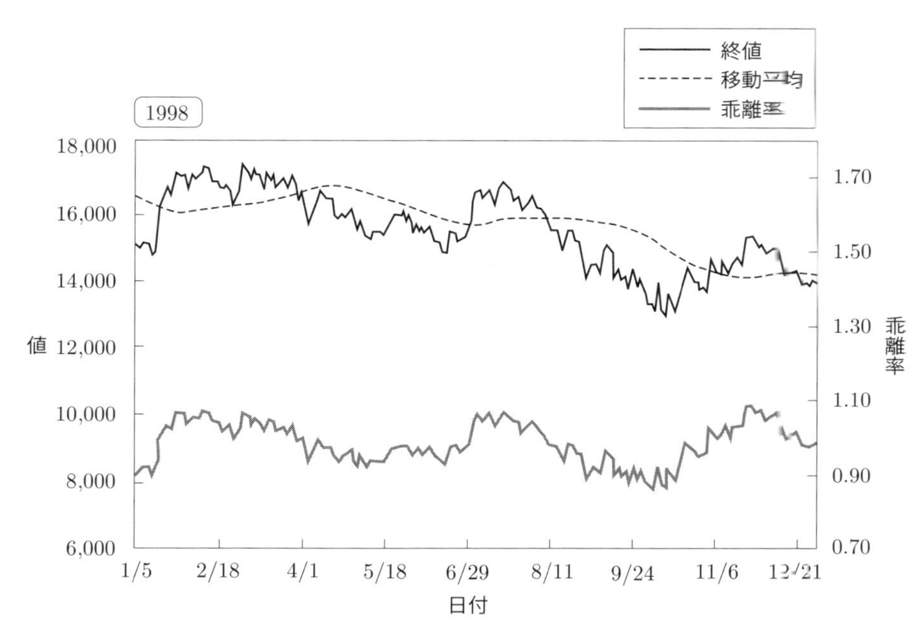

図3.5　日経平均，60日移動平均線，乖離率（1998年）

これまでの議論で，ニューラルネットワークへの入力，出力が決まった．それを示したのが**図3.6**である．

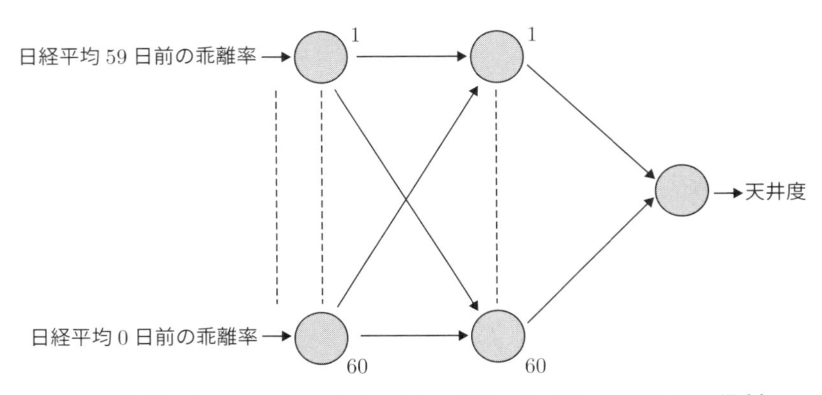

図 3.6　乖離率入力のニューラルネットワーク構成図（中間素子 60 個の場合）

また，入力データと教師データを表にしたのが**表 3.1** と**表 3.2** である．データは全てで 1000 個（＝1000 日）あるとした．表 3.1 の No. はデータ（＝ 日）番号であり，「日経平均 60」と「移動平均 60」と「乖離率 60」は，それぞれ 60 日目の日経平均と 60 日目の移動平均と 60 日目の乖離率を意味する．ほかも同様である．No.1 から No.59 の移動平均がない理由は，60 日移動平均が計算できないからである．No.1 から No.59 の乖離率がない理由も，60 日移動平均が計算できないため，乖離率が計算できないからである．表 3.2 は No.1 から始まっている．No.1 の 60 個の入力をみてもらいたい．乖離率 60 から乖離率 119 の 60 個が入力となっている．それより 1 つ前の場合は，乖離率 59 から乖離率 118 の 60 個が入力となるのだが，乖離率 59 は存在しない（表 3.1 参照）ので，表 3.2 に存在しないのである．同様の理由で，それより前も表 3.2 に存在しない．

表 3.1　移動平均と乖離率

No.	日経平均	移動平均（60 日）	乖離率
1	日経平均 1	―	―
2	日経平均 2	―	―
…	…	…	…
59	日経平均 59	―	―
60	日経平均 60	移動平均 60	乖離率 60
61	日経平均 61	移動平均 61	乖離率 61
…	…	…	…
1000	日経平均 1000	移動平均 1000	乖離率 1000

表 3.2　ニューラルネットワークの入力データと教師データ

No.	入力（60 個）				教師データ
	59 日前の乖離率	58 日前の乖離率	…	0 日前の乖離率	本日の天井度
1	乖離率 60	乖離率 61	…	乖離率 119	天井度 119
2	乖離率 61	乖離率 62	…	乖離率 120	天井度 120
…	…	…	…	…	…
881	乖離率 940	乖離率 941	…	乖離率 999	天井度 999
882	乖離率 941	乖離率 942	…	乖離率 1000	天井度 1000

3.4　天井度から上昇度へ

筆者（月本）は，今まで説明してきた，天井度を教師データにしたニューラルネットワークによる日経平均の予測の研究を続けてきた．条件やパラメータには多数の組合せがある．

1. ニューラルネットワークの構成に関するもの：入力素子の数，中間素子の数，深層ニューラルネットワーク（ディープラーニング）．
2. ニューラルネットワークの学習に関するもの：学習期間の年数と時期，予測期間の年数と時期，学習回数（反復回数）．
3. テクニカル指標：上記の議論では乖離率としたが，その他のテクニカル指標（ストキャスティックス，パラボリック，MACD など）．
4. テクニカル指標のパラメータ：例えば，乖離率でいえば，移動平均線の日数．
5. 売買シミュレーションの条件やパラメータ：例えば，利食い値，損切り値など．

上の条件やパラメータの組合せを試してきた．しかしながら，あまり良好な結果が出なかった．勝率は約 8 割とよかったのだが，連敗が多かった．また，結果的に逆張り的な売買をすることが多かった．そこで，教師データを天井度から上昇度に変えてみた．以下で，その上昇度について説明する．

天井度が，天井/底のどのあたりにいるかを表す指標で，天井で 1，底で 0 である指標であるのに対し，上昇度は，上昇/下降のどのあたりにいるかを表す指標で，上昇で 1，下降で 0 であるような指標である．この上昇度を求めるには，いくつかの手法が考えられるが，以下では予測天井度を微分して予測上昇度を求めてみよう．

例を使って説明する．2016 年度の予測天井度を**図 3.7** に示す．そして予測天井度の微分を**図 3.8** に示す．このグラフに対して，天井と底を付けて，予測上昇度を求めることにする．上昇で 1，下降で 0 である．上昇でも下降でもなければ，0.5 あたりになる．振動しすぎている場合には，移動平均を入れて滑らかにすればよい．

以降では，上で説明した方法とは少し違った方法で，予測上昇度を求める．

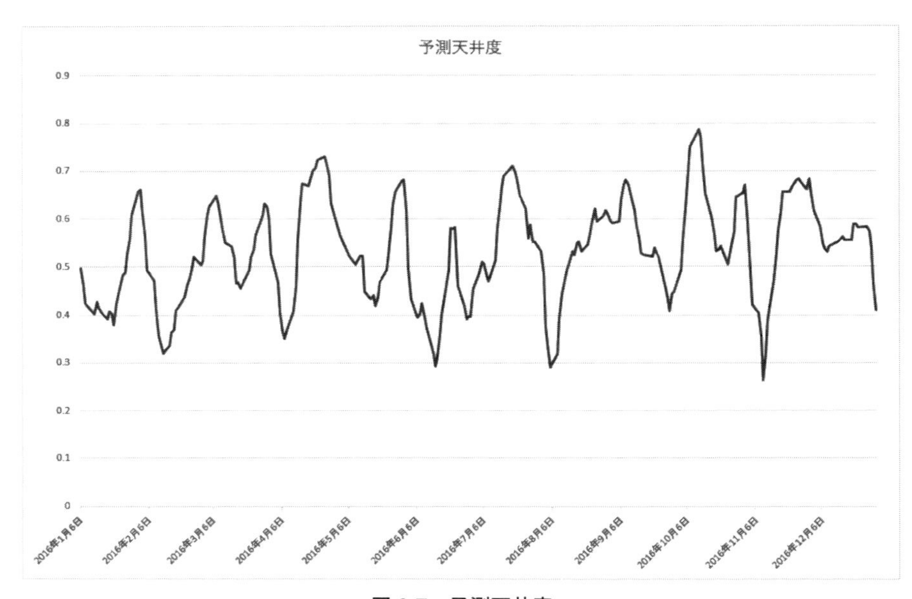

図 3.7　予測天井度

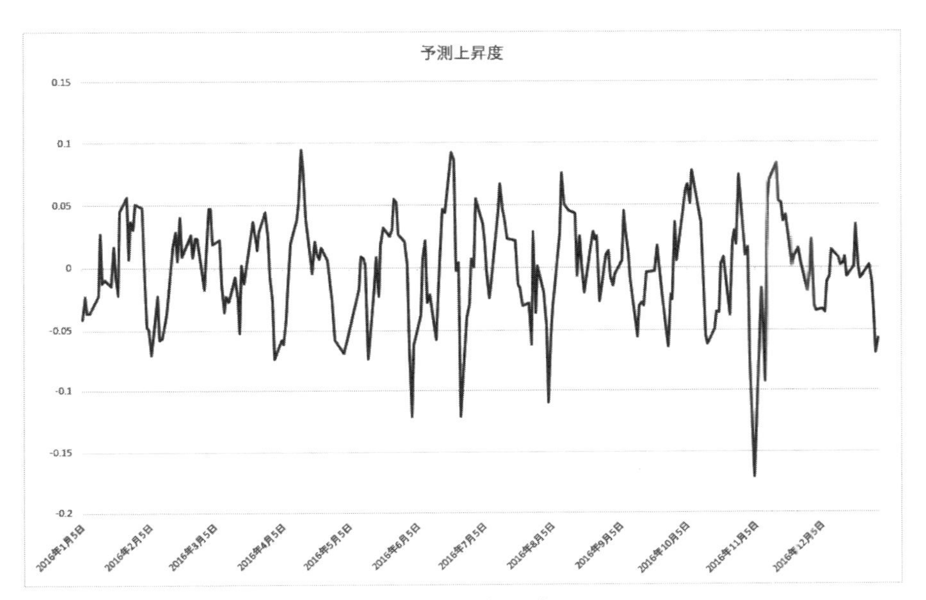
予測上昇度
0.15
0.1
0.05
0
-0.05
-0.1
-0.15
-0.2
2016年1月5日
2016年2月5日
2016年3月5日
2016年4月5日
2016年5月5日
2016年6月5日
2016年7月5日
2016年8月5日
2016年9月5日
2016年10月5日
2016年11月5日
2016年12月5日

図 3.8　予測上昇度

3.5　売買シミュレーション方法

ニューラルネットワークの構成等が決まったので，予測と売買シミュレーションができる．ここでは，売買シミュレーション方法について説明する．売買シミュレーションは日経平均先物で行う．しかし，ニューラルネットワークの学習は，日経平均で行う．学習を日経平均先物ではなく，日経平均で行うのは，よい結果が出るからである．売買方法は，予測方法と同じくらい，もしくは予測方法以上に，重要である．

3.5.1　売買方法

最初に，売買方法に関する基本事項を次に示す．

1. 売買は，買い先行と，売り先行の二つを行う．
2. 先行売買の売買判定は日経平均の終値で行い，売買は日経平均先物の終値で行う．なお，日経平均の終値は基本的に午後3時に確定し，日経平均先物の終了（大引け）は午後3時10分である．反対売買に関しては後述する．
3. 限月は，前著『実践データマイニング』では考慮したが，限月を無視しても，結果の大勢に影響がないので，今回は限月処理を行わない．

以降では，予測上昇度が一定値（例えば0.5）以上で上昇と判定し，一定値（例えば0.5）未満を下降と判定することにする．したがって，どんな日でも，上昇か下降に分類される．いい換えれば，ボックス圏の判定はしない．

また，売買に関する用語に「指値」と「逆指値」があるが，以降では簡単のために，ともに「指値」と呼ぶことにする．

(1) 上昇中

①先行売買

1.（下降から）上昇に変わったら，買う．
2. 上昇中に，買い玉がなければ，買う．

②反対売買

1. 損切りは一定値で行う．損切り値がある日の終値以下で，次の日の始値以上の場合は，始値で損切りを行う．

2. 利食いは，利益がある値を超えて，利益の最大値の α% を下回ったら行う（トレール注文に類似している）．例えば，利益が 50 円を超えてから，利益の最大値の 80 % を下回ったら利食いを行う．

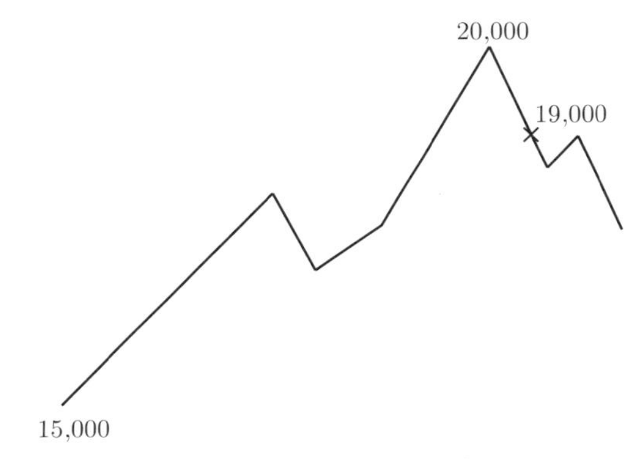

図 3.9　利食い値（上昇）

図 3.9 では，15,000 円で買って，その後の最大値が 20,000 円である．したがって，利益の最大が 5,000 円である．5,000 円の 80 % は 4,000 円なので，15,000 + 4,000 = 19,000〔円〕（図 3.9 の×）で売ることになる．ところで，株価の動きが急なときは，利益が，最大値をとった後 急落して，その日のうちに，α%（例えば 80 %）を下回ることもある．そのため，終値で最大値を判定すると，間に合わないことがある．この理由により，最大値を連続的に監視しておく必要があるので，株価を短時間（例えば 1 分）ごとに収集することにしておく．実際の注文の仕方であるが，最大利益の α% の値（例えば，上の例の 19,000 円）を指値にして，証券会社に注文を出すことも可能である．しかし，頻繁に指値を変更する可能性がある．これはあまり望ましくないので，上で述べたように，株価を短時間（例えば 1 分）ごとに収集して，最大利益の α% の値で，成り行きで注文を出すことにする．したがって，実際の売買で売値は，最大利益の α% の値ではなく，若干上下する可能性もある．

3. 利食い値が，ある日の終値以下で，次の日の始値以上のことがある．この場合は，その始値で売ることにする．

4. 上で述べたどの状態にもならないで，上昇から下降に変わったときは，利益は無視してその日の終値で売ることにする．以降，これを強制的反対売買と呼ぶ．

(2) 下降中

①先行売買

1. (上昇から) 下降に変わったら，売る
2. 下降中に，売り玉がなければ，売る．

②反対売買

1. 損切りは一定値で行う．損切り値がある日の終値以上で，次の日の始値以下の場合は，その始値で損切りを行う．
2. 利食いは，利益がある値以上になって，利益の最大値の α% を下回ったら行う (トレール注文に類似している)．例えば，利益が 50 円を超えてから，利益の最大値の 80 % を下回ったら利食いを行う．

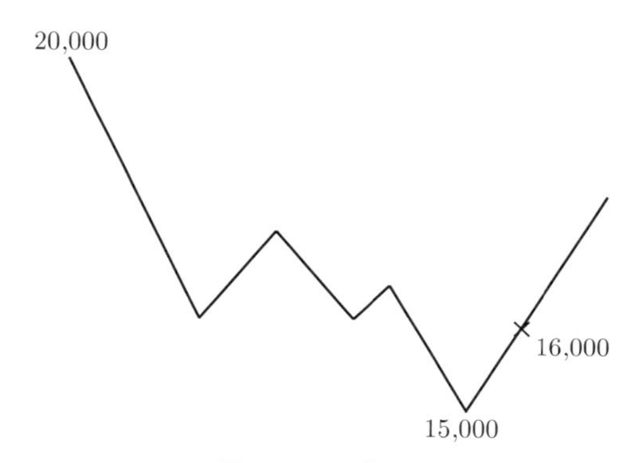

図 3.10　利食い値

図 3.10 では，20,000 円で売って，その後の最小値が 15,000 円である．したがって，利益の最大が 5,000 円である．5,000 円の 80 % は 4,000 円なので，20,000 − 4,000 = 16,000〔円〕(図 3.10 の×) で買い戻すことになる．ところで，株価の動きが急なときは，利益が，最大値を取った後，急上昇して，その日のうちに，α% (例えば 80 %) を下回ることもある．そのため，終値で最大値を判定すると，間に合わないことがある．この理由により，最大値を連続的に監視しておく必要があるので，株価を (例え

ば 1 分ごとに）収集することにしておく．実際の注文の仕方は，「(1) 上昇中」で述べたように，最大利益の α% の値で，成り行きで注文を出すことにする．

3. 利食い値が，ある日の終値以上で，次の日の始値以下のことがある．この場合は，その始値で買い戻すことにする．
4. 上で述べたどの状態にもならないで，下降から上昇に変わったときは，利益は無視してその日の終値で買うことにする．以降，これを強制的反対売買と呼ぶ．

なお，売買シミュレーション上では，一日のうちに上下に激しく動いた日は，損切りと利食いが両方とも可能になる場合がある．実際の詳細な値動きを調べれば，損切りなのか利食いなのかがわかる．しかし，ここでは，日足だけで売買シミュレーションを行っているので，損切りと利食いの両方が可能な場合は，損切りを行う．売買シミュレーション結果を少なめ（= 安全サイド）に見積もりたいということである．

3.5.2 売買シミュレーションの具体的条件の設定

最初の資金を 2,000 万円にする．資金の 2 割で売買を行う．最初は，2,000 × 0.2 = 400〔万円〕で売買を行う．日経平均先物 1 枚あたりの証拠金は，証券会社によって異なるが，簡単のため，1 枚あたり 100 万円とした．売買枚数は，資金の 2 割を 100 万円で割った枚数にする．割り切れないときは切り捨てる．例は以下の通りである．資金を 2,000 万円とすると，

$$2{,}000\,〔万円〕\times 0.2 = 400\,〔万円〕$$
$$400\,〔万円〕/100\,〔万円〕= 4$$

したがって，4 枚となる．手数料も，証券会社によって異なるが，1 枚あたり 300 円とした．さらに手数料に消費税がかかるので，手数料は 300 × 1.08 = 324〔円〕となる．

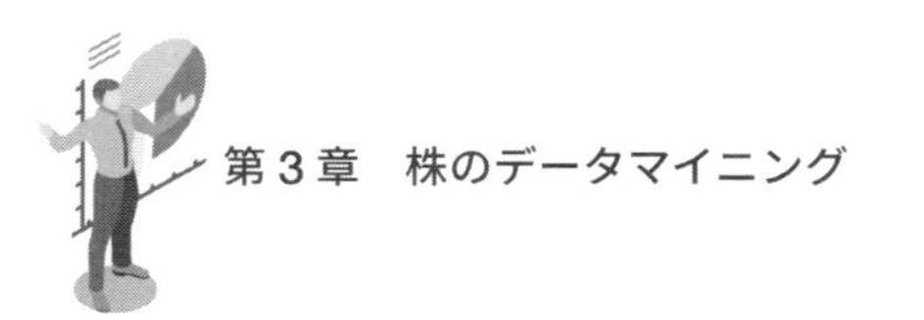

3.6　売買シミュレーション（3層ニューラルネットワーク）

3.6.1　学習条件

ニューラルネットワークの構成については以下のようにする．

入力するテクニカル指標：　乖離率
移動平均線の期間：　60
層数：　3
入力層の素子数：　60
中間層の素子数；　60
出力層の素子数：　1
出力（教師データ）：　上昇度

入力層の素子数と中間層の素子数について説明する．まず，入力層の素子数であるが，これは移動平均線の期間と同じ数にする．次に，中間層の素子数であるが，これを大きくすれば，ニューラルネットワークの表現能力は大きくなる．多項式の近似で次数を上げるほど表現能力が増えるのと同じことである．一言でいえば，パラメータの数が増えれば増えるほど表現能力は増すが，それが必ずしもよいわけではない．単に，学習するデータを表現するだけになってしまうからである．予測のときに使うと，うまく予測できないことが起こることになる．したがって，そのパラメータの数を最適にする必要がある．

中間層の素子数の決め方として赤池情報量規準や最小記述長原理（第5章で説明する）があるが，これらの方法は絶対ではない．そこで，過去，いろいろと試したが，入力数と同じ個数がよさそうである．中間素子の数は60個にする．

次に，学習期間と予測期間を決める．1991年から2000年までの10年間を学習期間とし，2001年から2017年の17年間を予測期間として，売買シミュレーションを行ってみよう．なお，学習方法は誤差逆伝搬法を使う．

学習期間：1991年〜2000年（10年）
予測期間：2001年〜2017年（17年）

3.6.2　学習結果

学習結果は以下の通りである．

学習回数：2000
学習誤差：0.372
予測誤差：0.387

学習誤差とは学習期間での誤差の平均である．予測誤差とは予測期間での誤差の平均である．両者ともあまりよくない．学習回数を大きくすると，学習誤差は小さくなるが，予測誤差は大きくなる．いわゆる過学習が発生する．ニューラルネットワークの重みが学習データだけに合ってしまって，適確に予測できないという現象である．長年の実験の結果，あまり学習回数は大きくないほうがよいという結論に達した．

また，予測誤差と売買シミュレーションの利益の相関関係もそれほど明確ではないと思われる．すなわち，予測誤差が小さければ，売買シミュレーションの利益が大きいかというと，そういうわけでもなさそうなのである．

それでは，予測誤差で学習結果の良し悪しが判断できなければ，なにで学習結果の良し悪しを判断すればよいのであろうか？　もちろん，最終的には利益で判断するのであるが，その場合には，売買シミュレーション方法の良し悪しも入ってくる．

売買シミュレーション方法の良し悪しが影響しない段階で，学習結果の良し悪しをみるには，上昇/下降が適切に予測できているかどうかで判断するのがよいと思われる．これは定量化しないで，図でみることにしよう．**図 3.11** に日経平均先物の上昇/下降を示す．実際の売買対象が，日経平均ではなく日経平均先物なので，日経平均先物の図にした．なお，予測上昇度が 0.5 以上ならば上昇，0.5 未満ならば下降，とした．図中の日経平均先物の実線部分が上昇で点線部分が下降である．

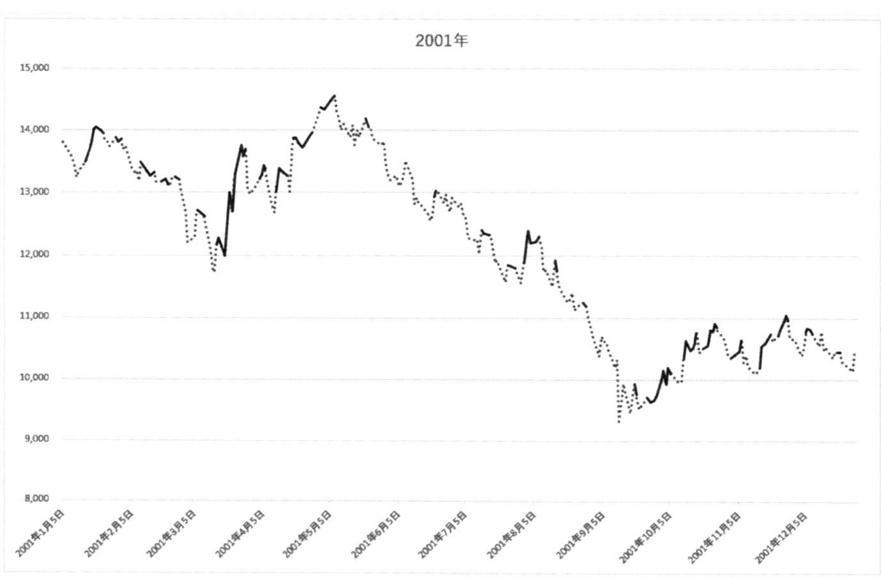

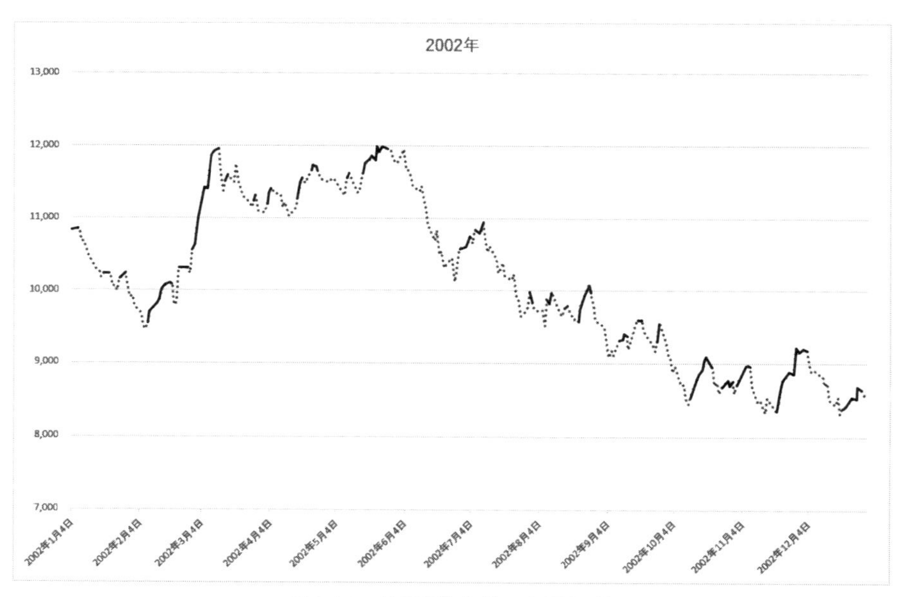

図 3.11　日経平均先物の上昇/下降

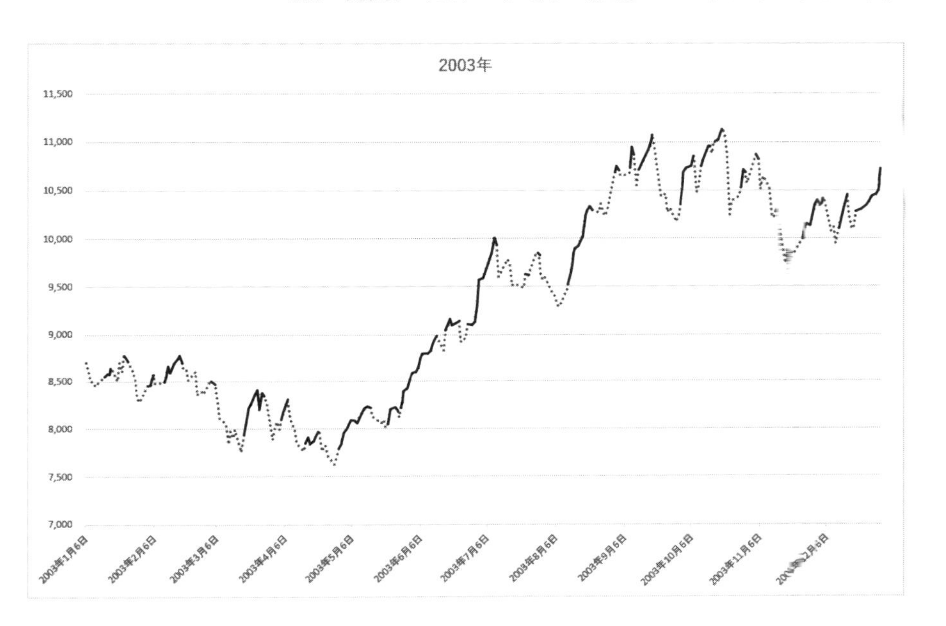

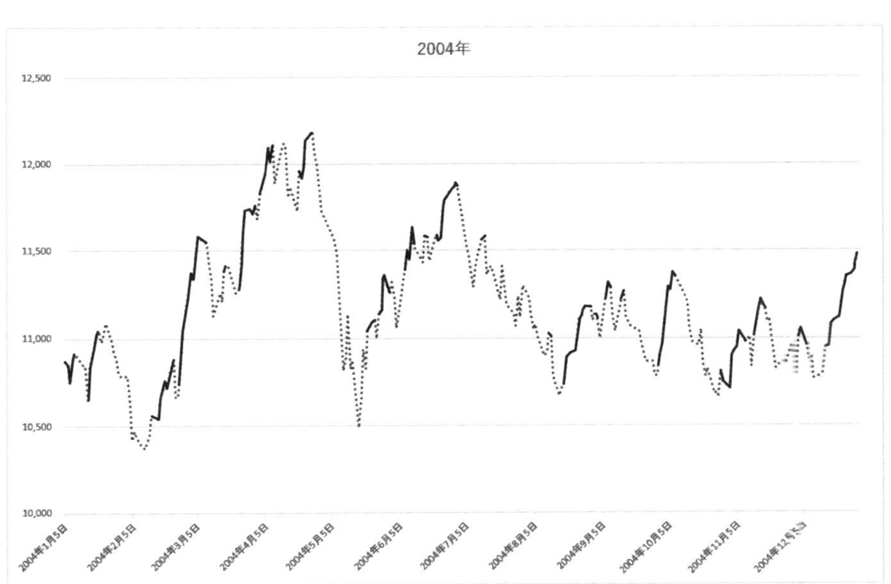

図 3.11　日経平均先物の上昇/下降（続き）

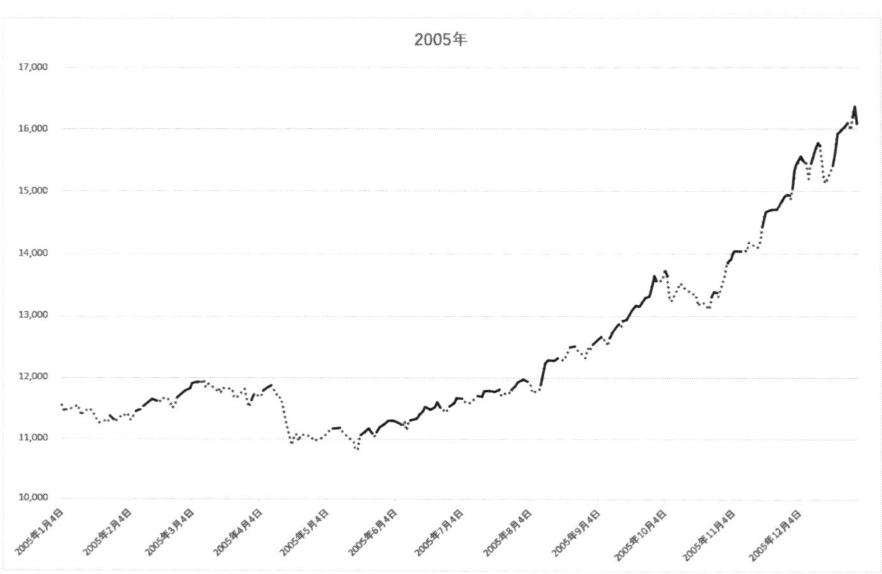

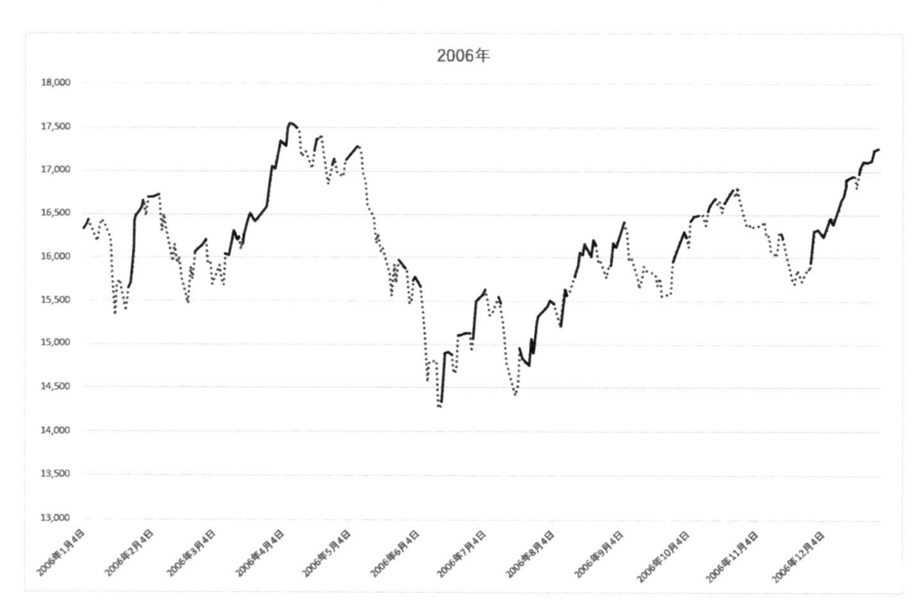

図 3.11　日経平均先物の上昇/下降（続き）

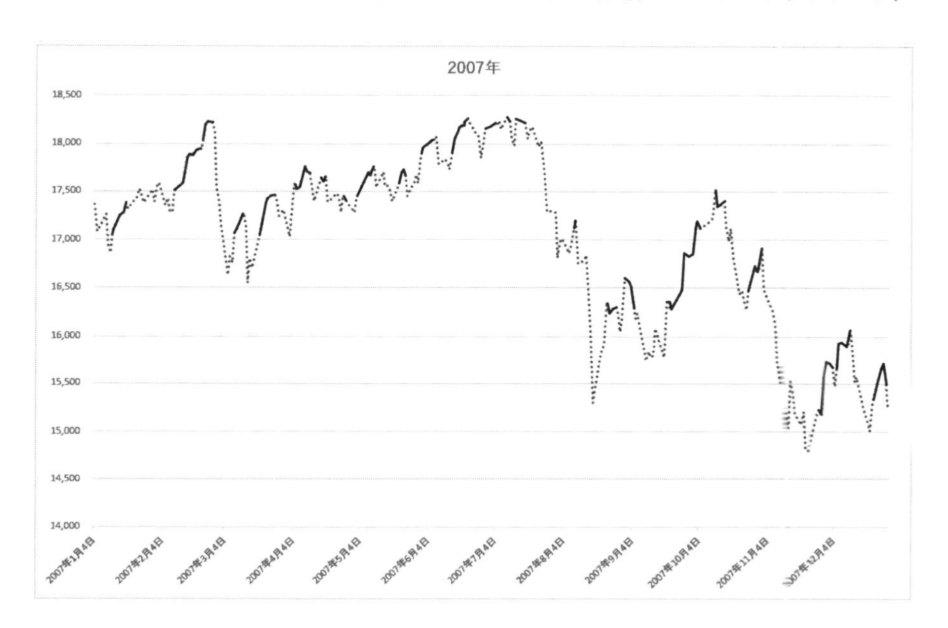

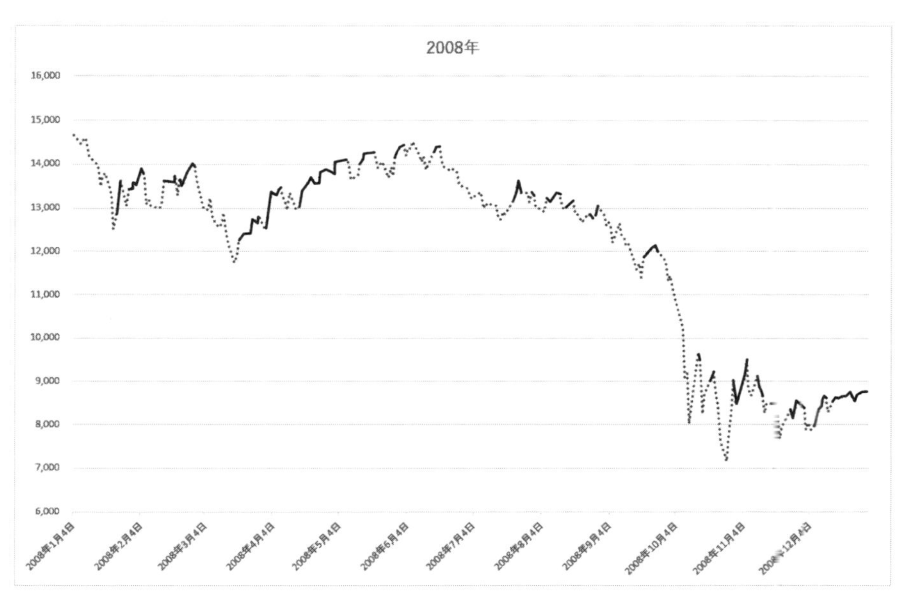

図 3.11　日経平均先物の上昇/下降（続き）

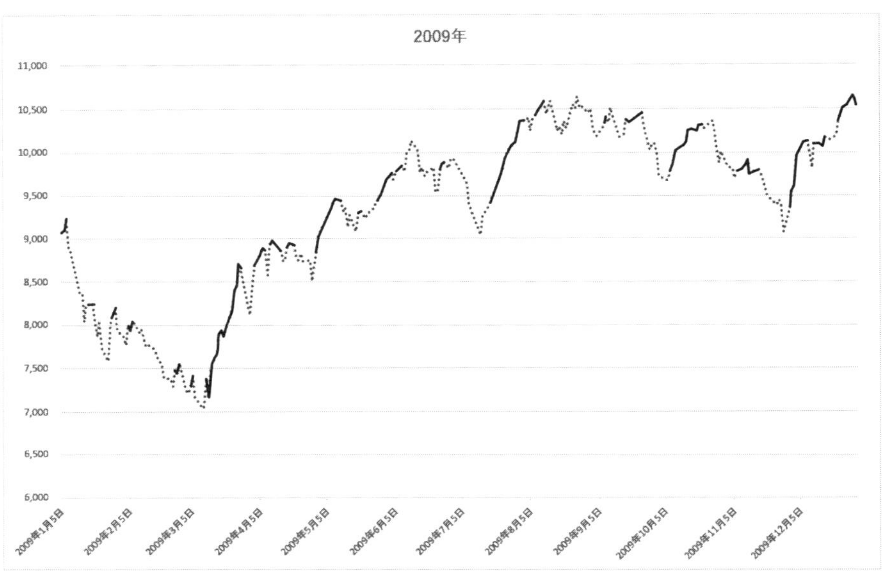

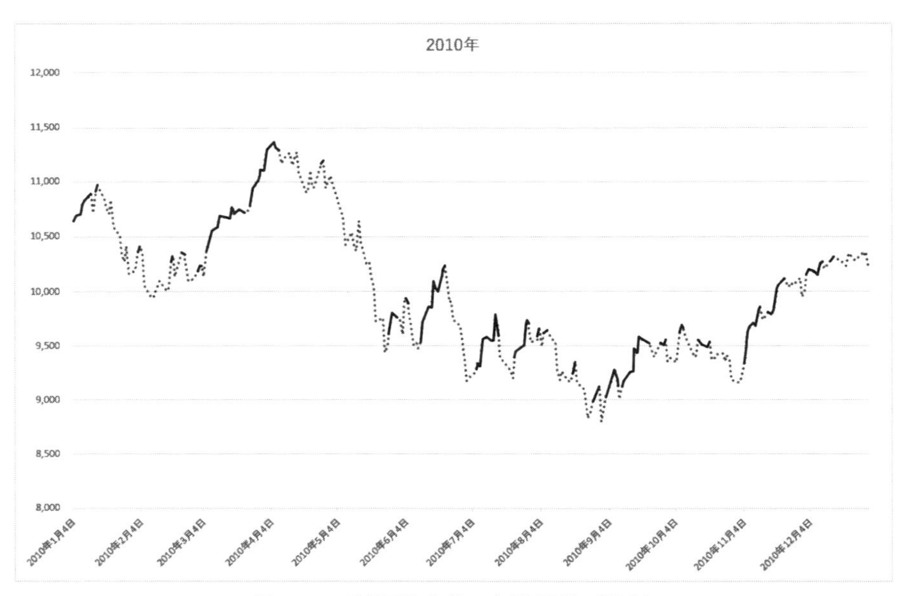

図 3.11　日経平均先物の上昇/下降（続き）

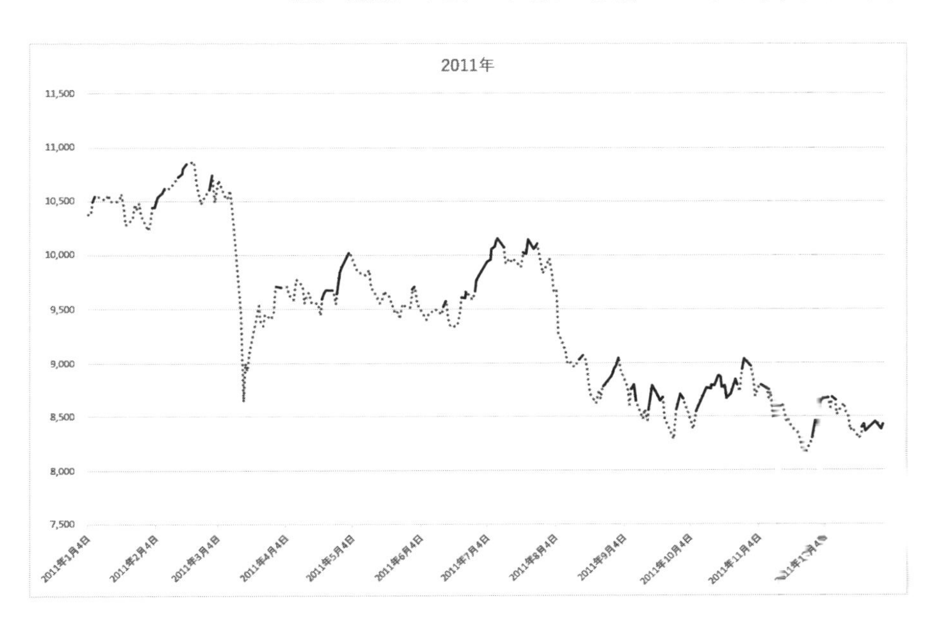

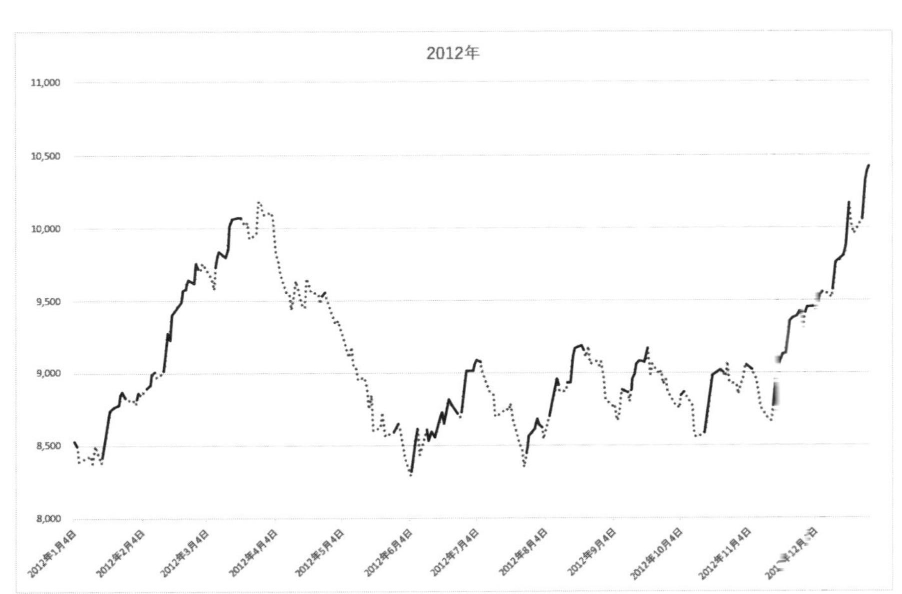

図 3.11　日経平均先物の上昇/下降（続き）

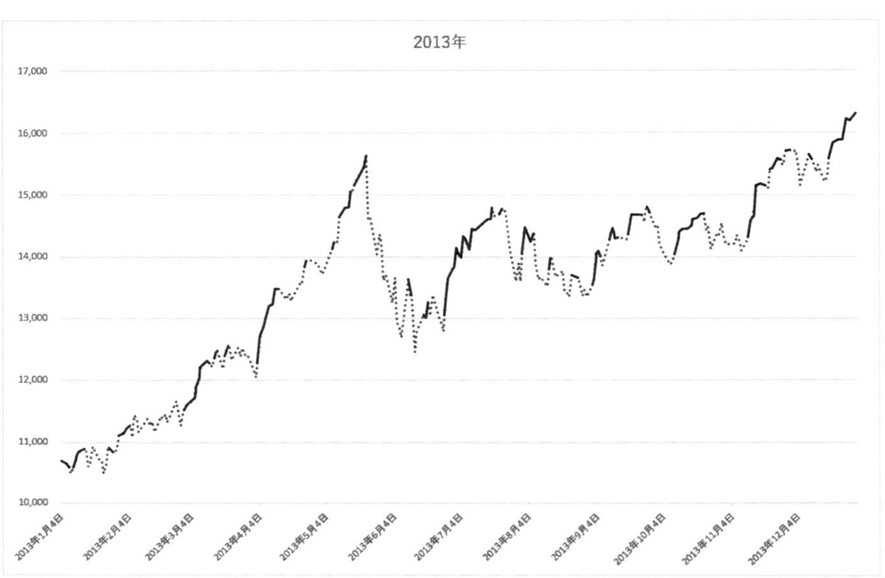

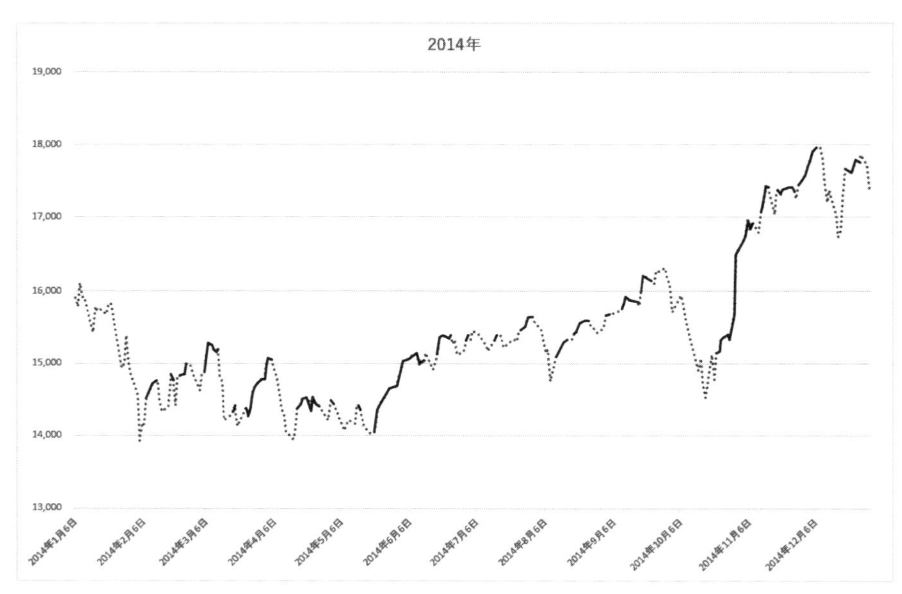

図 3.11　日経平均先物の上昇/下降（続き）

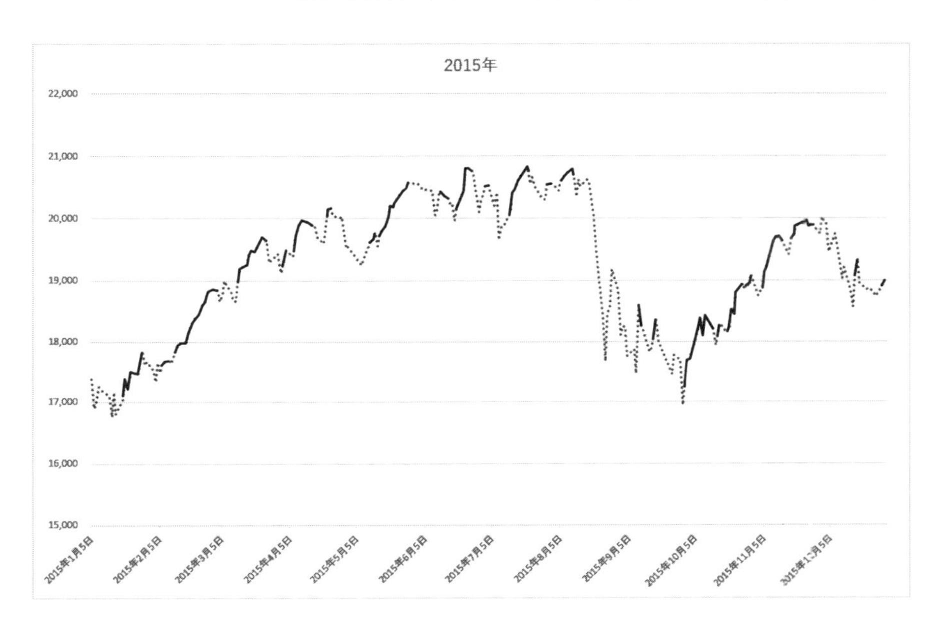

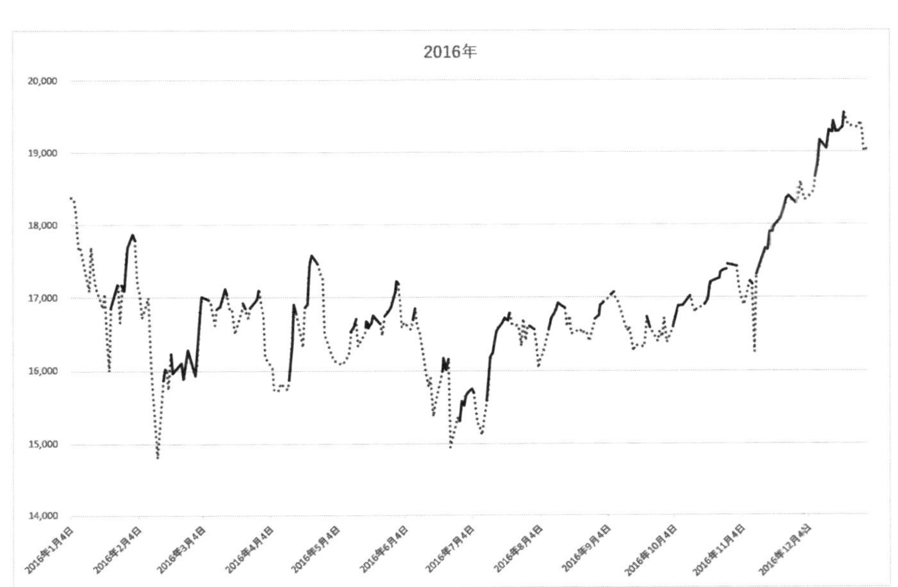

図 3.11　日経平均先物の上昇/下降（続き）

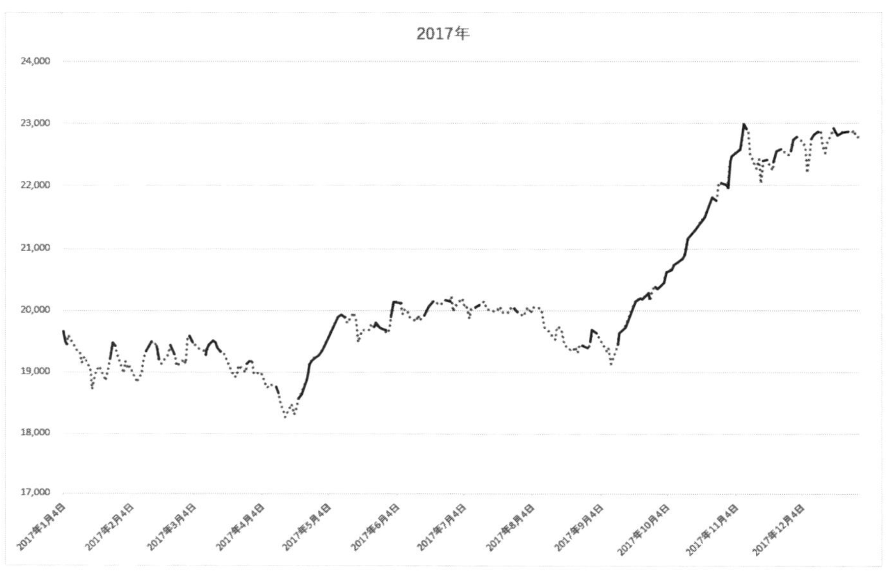

図 3.11　日経平均先物の上昇/下降（続き）

図 3.11 からわかるように，上昇/下降は，それなりに当たっていると思われる．どんなことがあった年かをきわめて簡単に，以下に記述してみた．

2001 年：日経平均下降．同時多発テロ
2002 年：日経平均下降
2003 年：日経平均（一応）底を打つ
2004 年：日経平均は 1 万円前後
2005 年：小泉首相の郵政選挙勝利で，年後半，株価が上昇
2006 年：日経平均は値動き小
2007 年：サブプライムローンで日経平均急落
2008 年：リーマンショックで日経平均暴落
2009 年：円高で日経平均がバブル崩壊後最安値を記録．民主党政権発足
2010 年：ヨーロッパのソブリン危機（ギリシャ危機など）
2011 年：東日本大震災
2012 年：年後半，自民党政権発足で日経平均上昇
2013 年：アベノミクス・日銀の異次元金融緩和で，日経平均上昇

2014 年：日経平均上昇

2015 年：上海市場株価急落で，日経平均急落

2016 年：チャイナショック．イギリス EU 離脱．トランプ政権発足

2017 年：日経平均は 2 万円前後

3.6.3 売買シミュレーション

予測期間 2001 年から 2017 年で売買シミュレーションを行う．売買に関するパラメータは少し調べたところ，以下の値がよさそうであった．

利食い開始値：30 円
損切り値：500 円
α%：96 %

この値を用いた売買シミュレーションの結果を**表 3.3** に示す．

表 3.3 各年の倍率

年	資金〔万円〕	倍率
2001	919	0.46
2002	1,397	1.52
2003	2,084	1.49
2004	2,797	1.34
2005	3,379	1.21
2006	14,994	4.44
2007	15,430	1.03
2008	20,948	1.36
2009	58,571	2.80
2010	86,868	1.48
2011	126,265	1.45
2012	270,847	2.15
2013	385,316	1.42
2014	777,247	2.02
2015	3,036,407	3.91
2016	6,783,232	2.23
2017	12,576,041	1.85
平均		1.89

平均倍率は，1.89 なので，よさそうである．ただしこの平均は相加平均である．ちなみに相乗平均は 1.67 になる．相加平均は，普通の平均である．相乗平均は，n 個の数字を a_1, a_2, $\cdots$, a_n とすると $(a_1 \times a_2 \times \cdots \times a_n)^{1/n}$ である．相乗平均 $\leq$ 相加平均である．資金は，2,000 万円が 17 年で約 1,258 億円（約 6290 倍）になっている．これは，かなり大きな数字であるが，税金を払えば減る．株の税金は，利益に対して約 2 割である．相乗平均が約 1.67 なので，税金を考慮した資金は，だいたい，2,000〔万円〕$\times$ $(1+(0.67 \times 0.8))^{17}=295$〔億円〕になる．これはあくまでも概略計算である．厳密には，2001 年は損をしているので，税金を払う必要はない．

税金以上に考慮しなければならないのが，枚数による制約である．例えば，2 万円で 1000 枚買いたいと思っても，2 万円で 1000 枚売る人がいなければ，2 万円で 1000 枚買えない．もし，1000 枚買いたいのならば，買値を 2 万円より高くする必要がある．例えば，成り行き（買値を 2 万円に指定しない）で 1000 枚買いにいけば，買えるかもしれない．その場合，買値は 2 万円以上（例えば，平均で 2 万 100 円）になる．枚数まで考慮した売買シミュレーションを正確に行うには，買い注文と売り注文がどの価格で何枚入っているかがわかる板情報が必要になる．本書ではそこまでの売買シミュレーションは行わない．この枚数による制約を考慮すれば，最終資金はもっと減る．

先行売買は，終値（大引け）で行い，枚数も多いので，枚数による制約は気にならない．しかし，寄り付き（始値）と大引け（終値）以外での反対売買では，枚数による制約が気になる．買い先行の場合の売りとか売り先行の場合の買戻しの場合に，最大利益の α% で売買可能かどうかが不明で，シミュレーション通りには実行できないかもしれない．しかし，表 3.2 の場合には，いちばん利益を出している 2006 年の倍率が 4.44 倍と，極端に大きくないので，17 年通してではなく，各年の倍率を検討する限りでは，枚数の制約を入れなくても，それほどずれは大きくないと思われる．ちなみに，1 年の倍率が 100 倍などになれば，枚数制約なしの売買シミュレーションは，非現実的なものになってしまうだろう．したがって，税金を考慮しないことや枚数を考慮しないことは，各年の（税引き前の）倍率に大きな影響を及ぼさないと思われるので，各年の倍率はそれなりに信用できるものであろう．

ところで，2001 年が 0.46 と約半分に落ちている．これでは，やる気がなくなってしまう．平均倍率も重要だが，最低倍率も重要である．そこで，2001 年の資金の推移のグラフをみてみよう（**図 3.12**）．比較のために，いちばん利益を出し

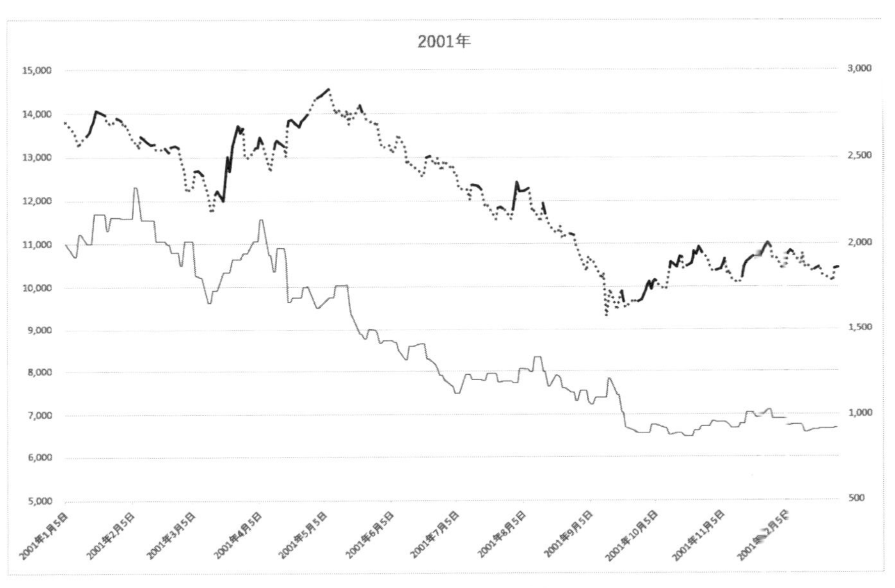

図 3.12　2001 年の資金推移

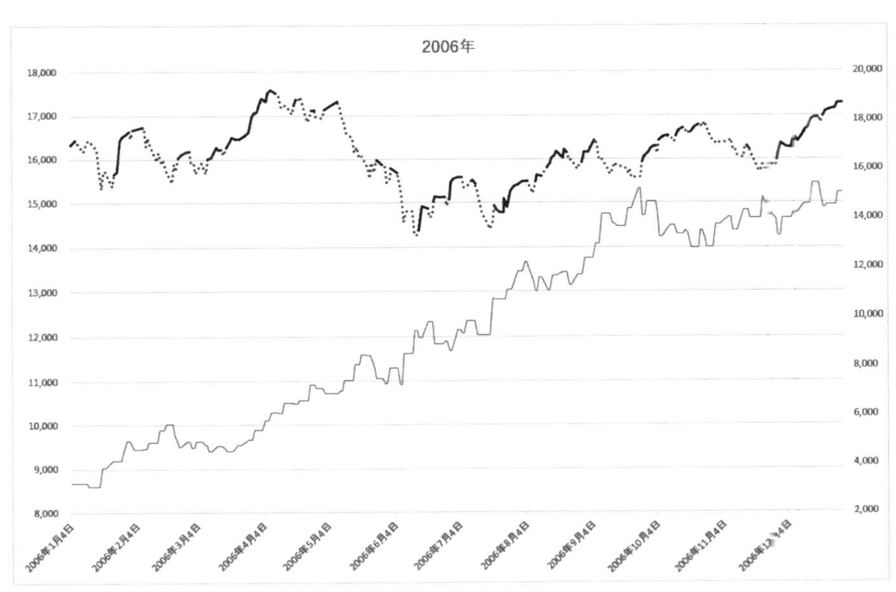

図 3.13　2006 年の資金推移

ている 2006 年の資金の推移のグラフもみてみよう（**図 3.13**）.

図 3.12 と図 3.13 には，日経平均先物のグラフに資金のグラフを追加した．見やすさを考えて，日経平均先物は図の上に示し，資金は下に示した．そして，両者は交わらないようにした．日経平均先物の目盛りは左側に記した．単位は円である．資金の目盛りは右側に記した．単位は 1,000 万円である．

2001 年の上昇/下降の予測は，それなりに適切にもかかわらず，なぜ資金が約半分に落ちたのであろうか？　グラフでは少しわかりにくいかもしれないが，2001 年が，上昇/下降が変化したことによる強制的反対売買（3.5.1 項の②反対売買の 4. を参照）が多いことが原因と思われる．とくに，6 月から 9 月にかけてそれが目立つ．別のいい方をすると，きわめて短い上昇/下降（とくに上昇）が多い．これは間違った判定である．下降中に，きわめて短い（間違った）上昇が出ると，空売りをかけていた建て玉を買い戻して，新規に買いにいく．しかし，すぐ上昇が消えるので，買いの建て玉を売りにいく．これが損を出している主な原因であろう．これを数字で確認しよう．**表 3.4** は 17 年間の勝敗と利益・損失に関する表である．

表 3.4　勝敗と資金

反対売買	勝	負	計	勝率	資金
非強制的	873	6	879	0.993	48,630,495
強制的	90	897	987	0.091	−36,054,454
計	963	903	1866	0.516	12,576,041

表 3.3 からわかるように，強制的反対売買の勝率が 0.091 と非常に悪く，約 3,605 億円の損失を出していて，売買シミュレーションの成績の足を引っ張っていることがわかる．

ちなみに，年平均勝負数は約 110 回である．先行売買と反対売買を分けて数えると，2 倍の 220 回になる．これは，1 年あたりの株の立会日が約 250 日だから，ほぼ毎日，売買しているような感じになる．

さて，2001 年の成績をよくするには，そして，全体の売買シミュレーションの成績をよくするには，上昇/下降の変化に伴う，強制的反対売買をやめることである．別のいい方をすれば，上昇/下降は，先行売買にのみ使うということである．

この売買方法では，買いと売りの両建てになることがある．例えば，下降が出たので空売りをかけたら，次の日に上昇が出たので，新規に買いにいく．この時点で，売り玉と買い玉の両方を立てることになる．また資金の 4 割を売買に回すことにもなる．とはいうものの，片方はとれるのでよいであろう．

新売買方法は，3.5.1 項の②反対売買の 4.「上で述べたどの状態にもならないで，上昇（下降）から下降（上昇）に変わったときは，その日の終値で売る（買う）ことにする．」を行わないことにする．

3.6.4　新売買方法による売買シミュレーション

新売買方法によるシミュレーション結果を以下に示す．**表 3.5** は 2001 年から 2017 年の 17 年間の結果である．比較のため，旧売買方法の結果も併せて示す．改善されているのがわかる．資金がとんでもない数字（約 154 兆円）になっているが，前にも述べたように，税金と枚数制約を入れれば，激しく小さくなるので，安心してもらいたい．

表 3.5　新売買方法のシミュレーション結果

売買方法	勝	負	計	勝率	資金〔万円〕
新	1404	208	1612	0.871	15,460,994,490
旧	963	903	1866	0.516	12,576,041

17 年通しての売買シミュレーションは，枚数による制約を考慮していないので非現実的である．そこで，次に，17 年通しての売買シミュレーションではなく，各年の売買シミュレーションの結果を表 3.5 に示す．各年の売買シミュレーションとは，各年の初めの資金を 2,000 万円にして，売買シミュレーションを開始し，各年の終わりで，売買シミュレーションをやめるというものである．

表 3.6　各年の売買シミュレーション結果

年	勝	負	資金〔万円〕	倍率	利食い値平均	両建て日数
2001	81	19	2,593	1.30	152	105
2002	82	13	3,823	1.91	137	92
2003	72	14	2,731	1.37	131	99
2004	79	9	4,253	2.13	120	113
2005	76	6	4,442	2.22	102	109
2006	84	12	7,716	3.86	188	88
2007	82	17	2,220	1.11	138	110
2008	81	24	3,501	1.75	204	76
2009	86	3	10,785	5.39	127	85
2010	80	6	4,932	2.47	105	99
2011	83	5	5,563	2.78	110	131
2012	83	4	5,672	2.84	98	104
2013	95	13	3,564	1.78	114	92
2014	82	14	4,130	2.07	146	97
2015	84	14	9,855	4.93	203	70
2016	80	20	9,174	4.59	256	66
2017	87	57	6,603	3.30	120	95
合計	1397	250	91,557			
平均	82.2	14.7	5,386	2.69	144	96

表 3.6 の勝の数（1397）と負の数（250）が表 3.4 の 17 年通年と違うが，これは，年越しの建て玉がないからである．平均倍率（相加平均）が 2.69 で最低倍率が 1.11（2007 年）は，よい成績であろうと思われる．旧売買方法では資金が約半分になった 2001 年も 1.30 倍と，改善されている．平均利食い値は 144 円であり，平均両建て日数は 96 日である．次に，各年の資金の推移を**図 3.14** に示す．

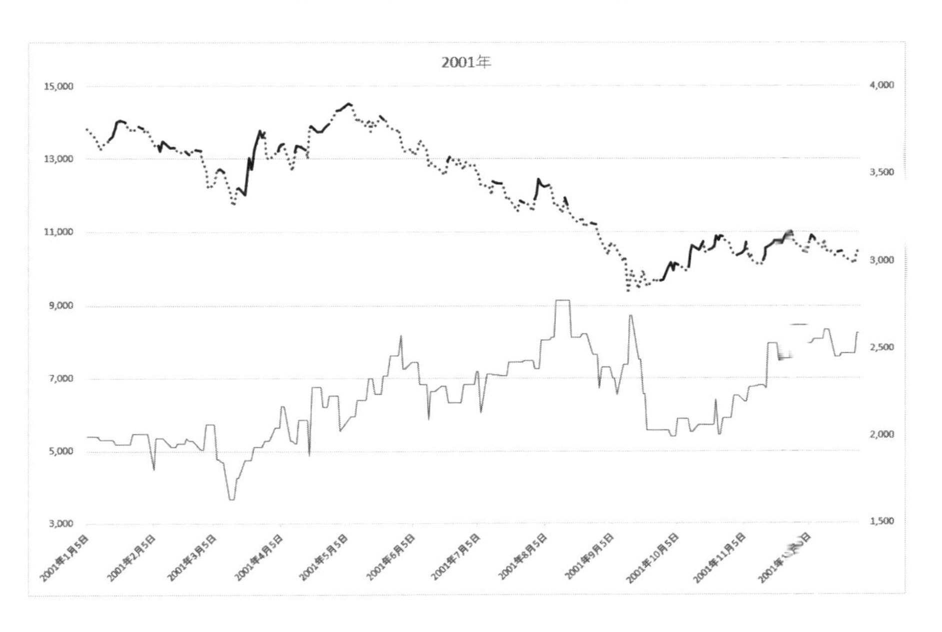

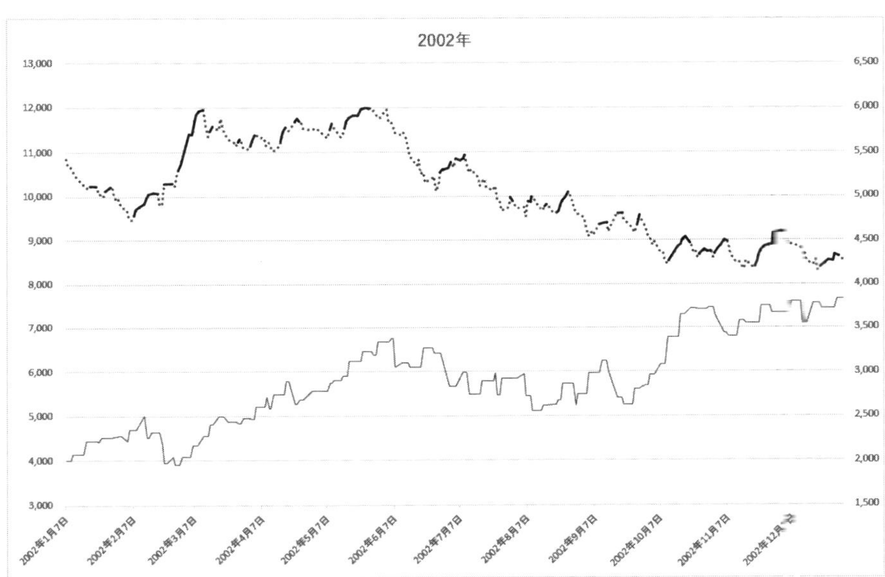

図 3.14　各年の資金の推移

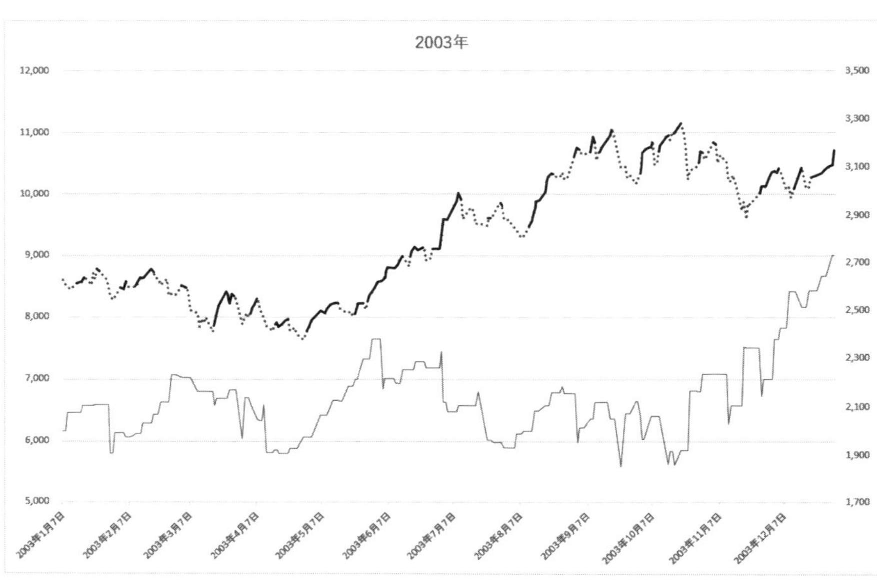

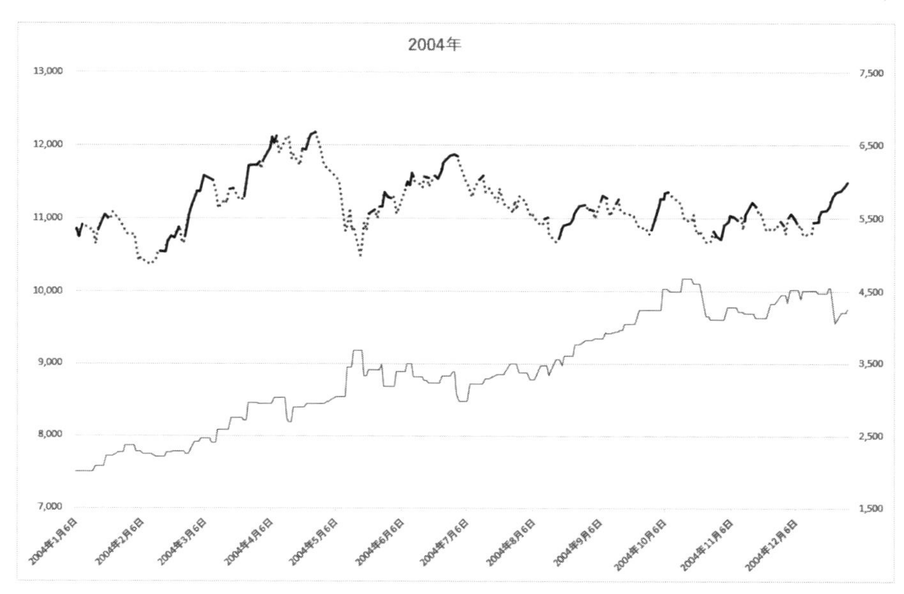

図 3.14　各年の資金の推移（続き）

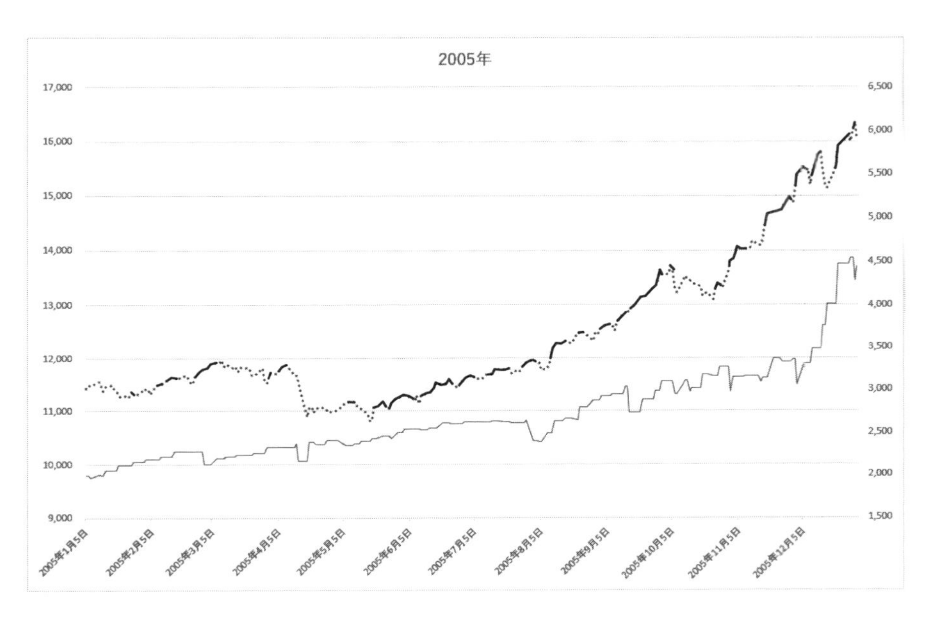

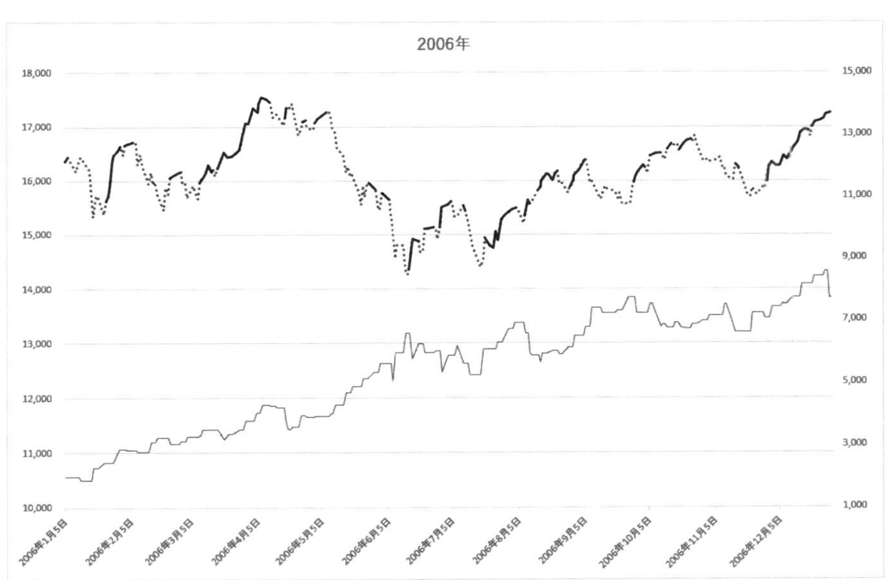

図 3.14　各年の資金の推移（続き）

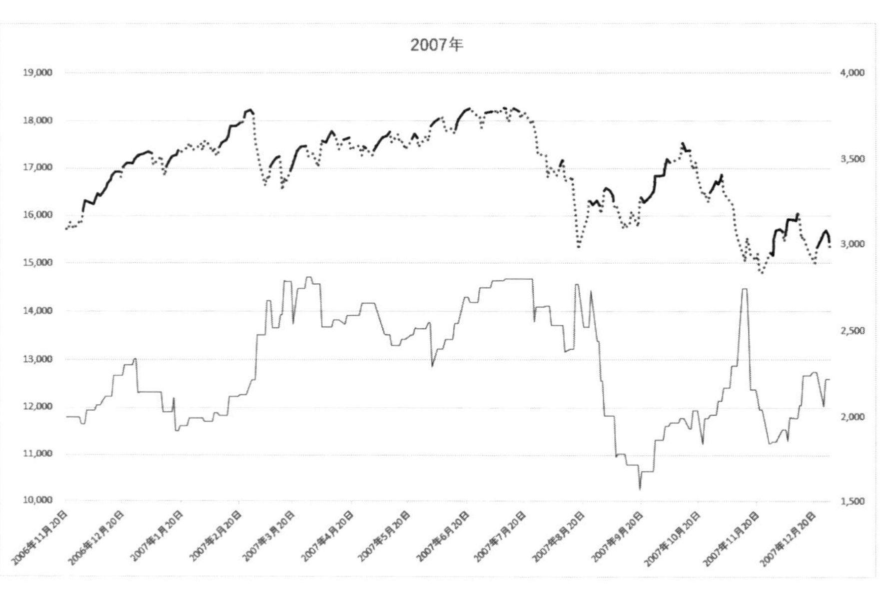

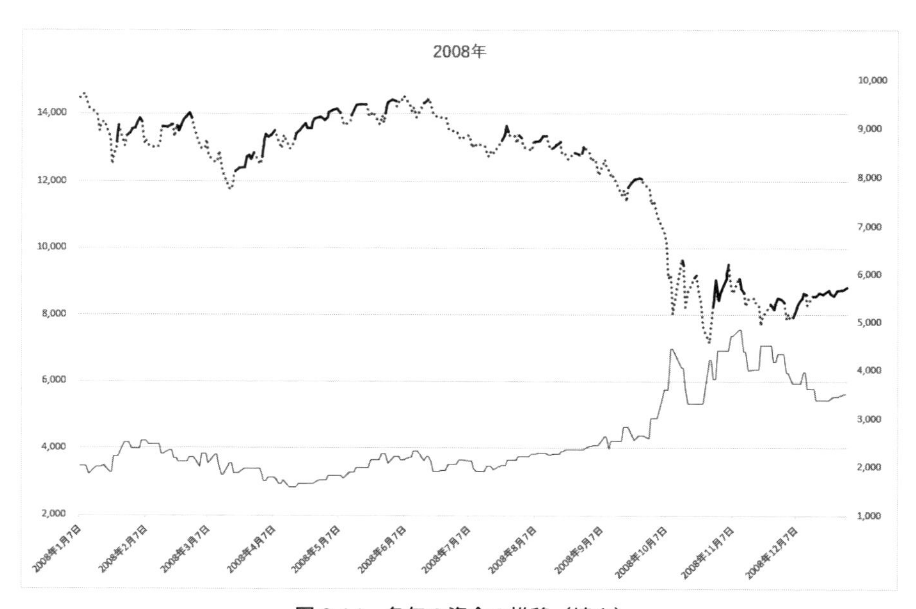

図 3.14　各年の資金の推移（続き）

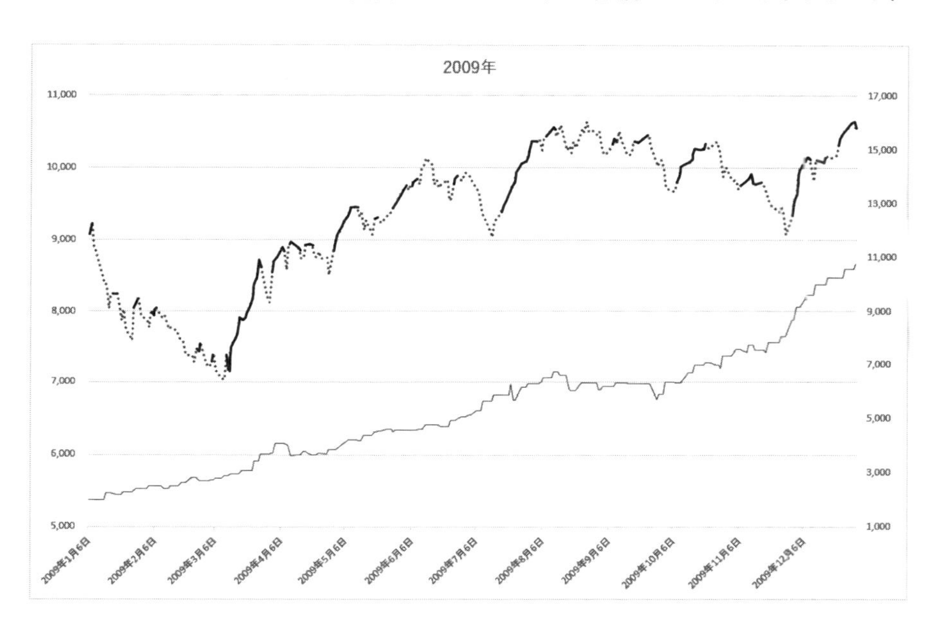

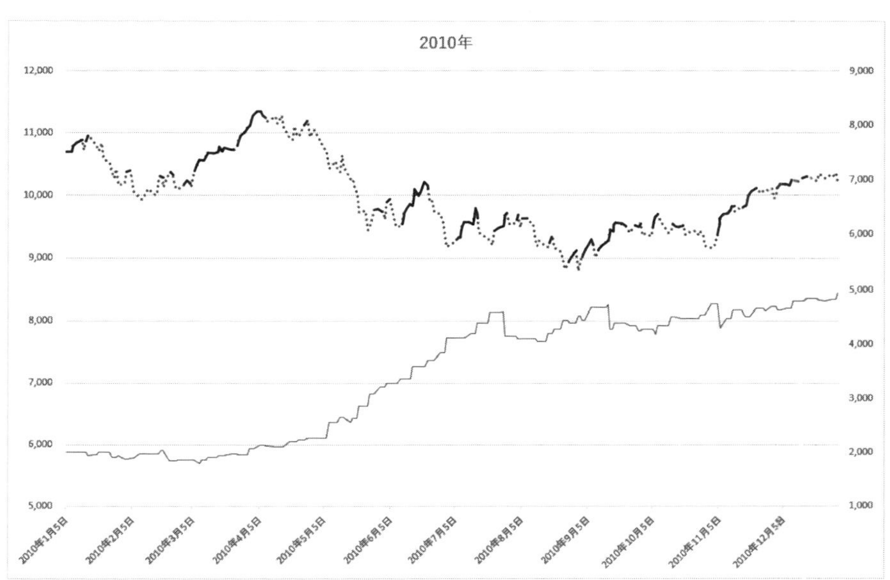

図 3.14　各年の資金の推移（続き）

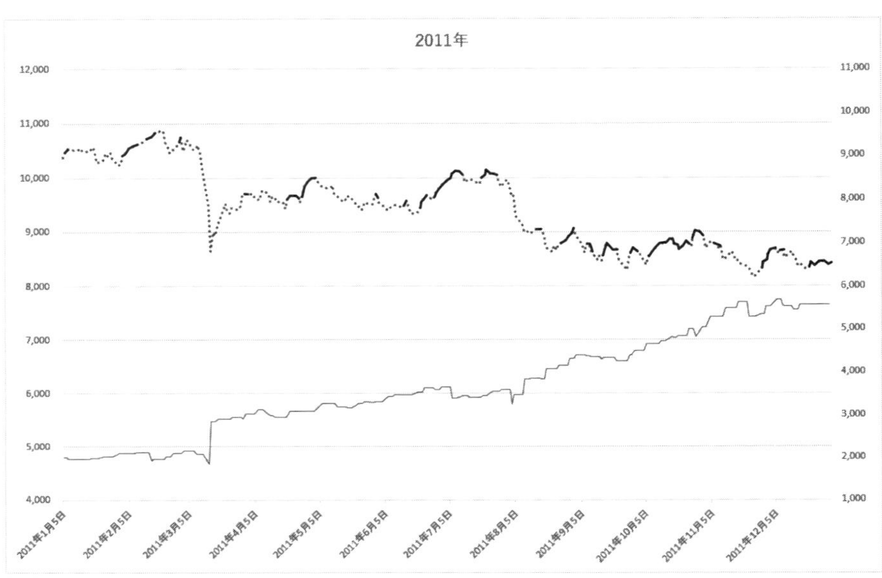

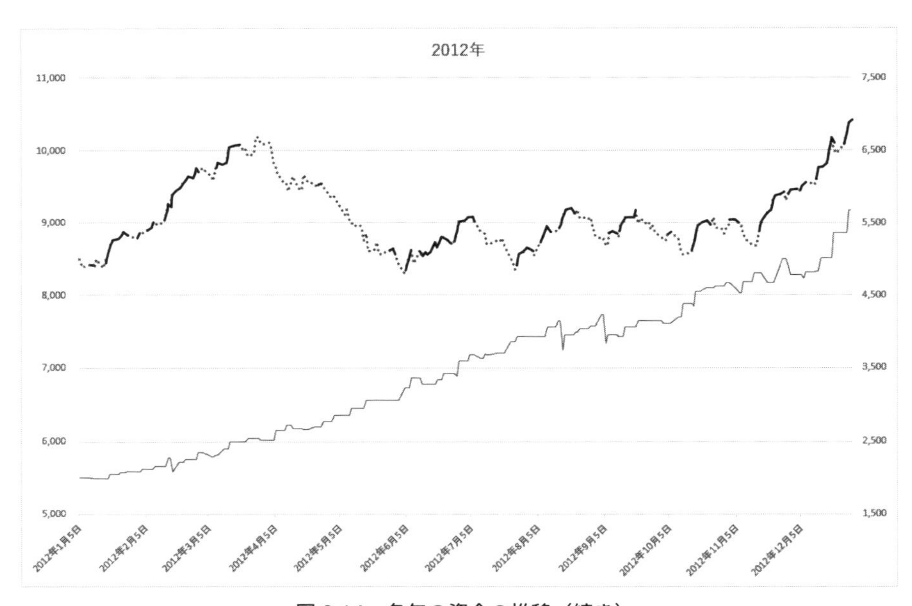

図 3.14　各年の資金の推移（続き）

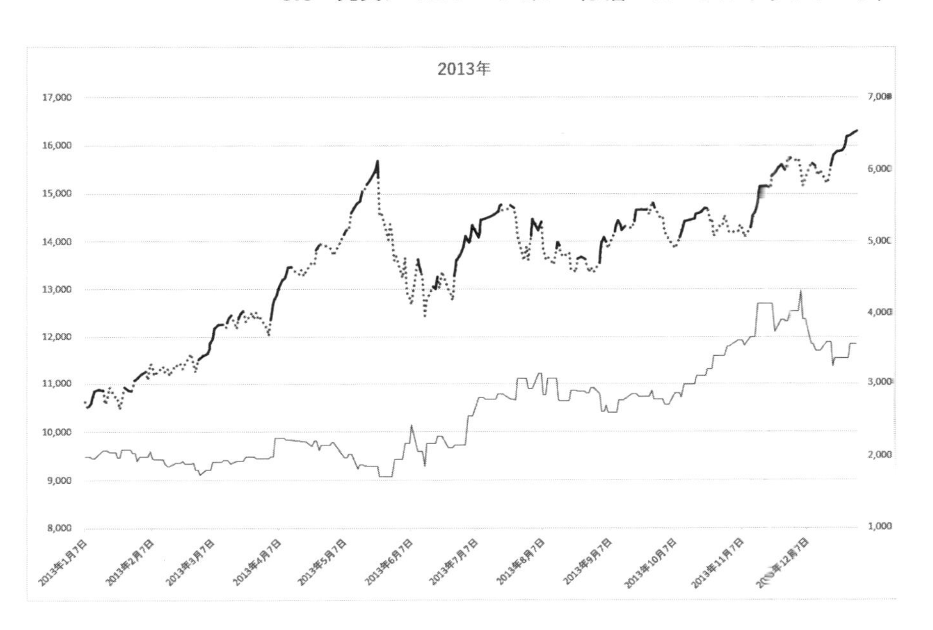

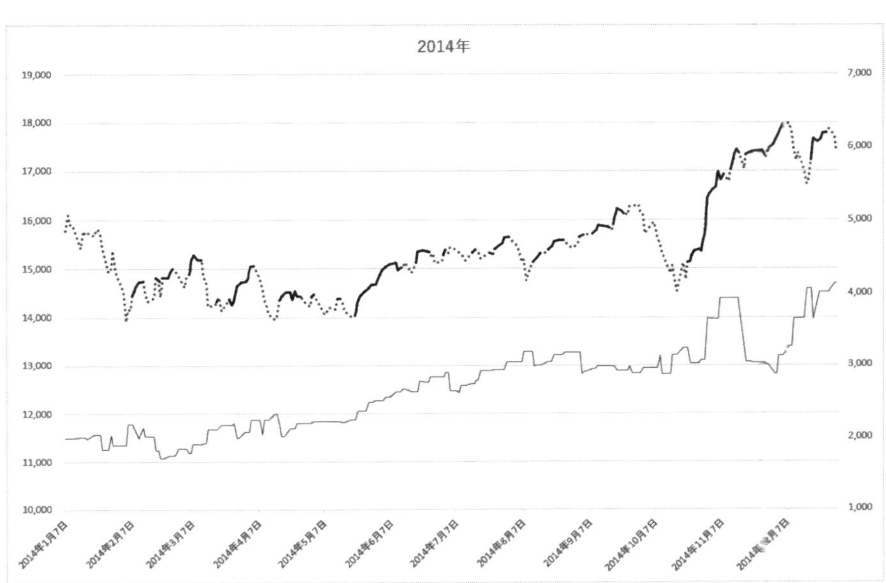

図 3.14　各年の資金の推移（続き）

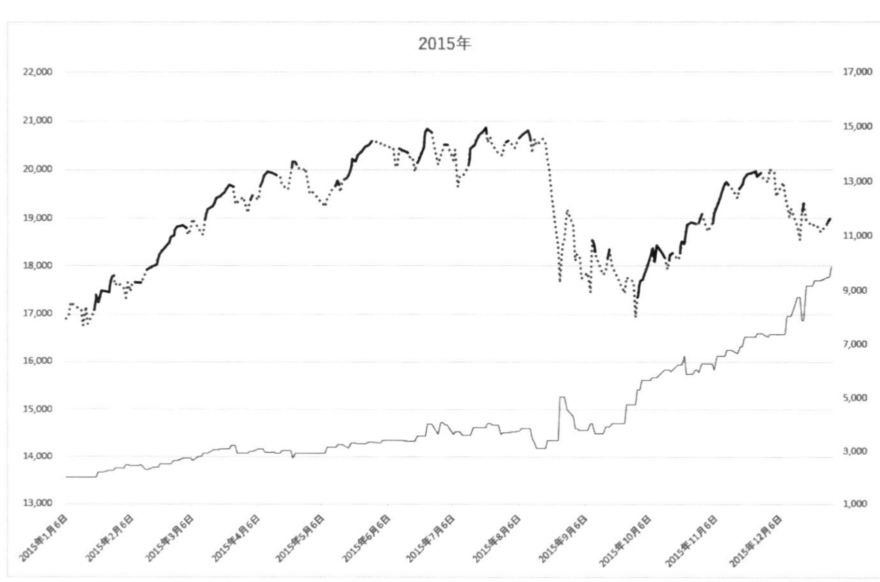

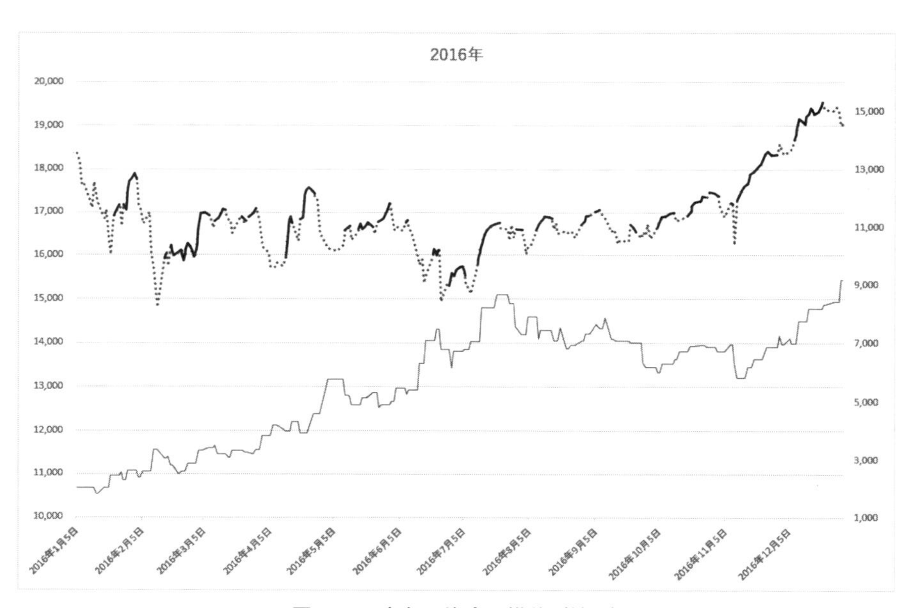

図 3.14　各年の資金の推移（続き）

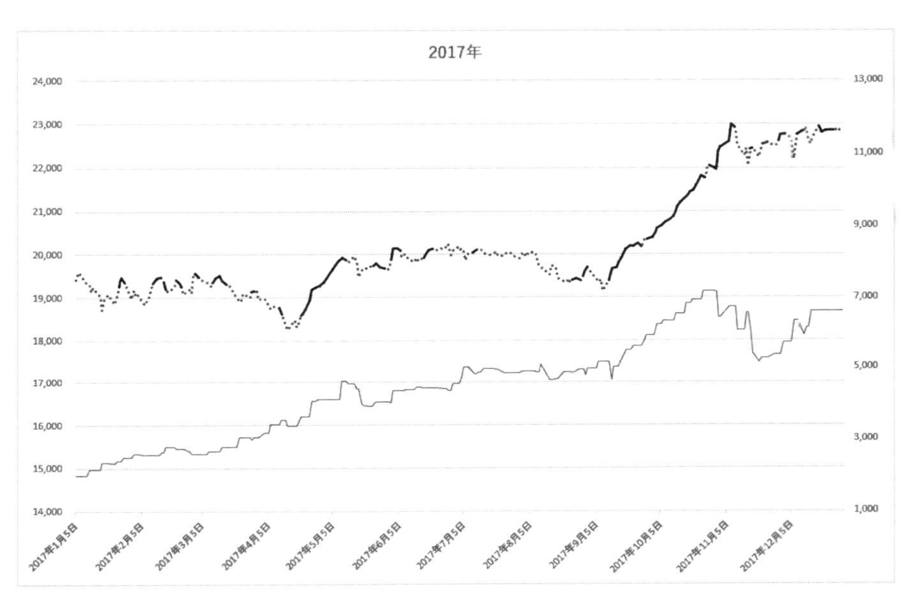

図 3.14　各年の資金の推移（続き）

株の売買を継続する条件の一つは，連敗が少ないことである．連敗すると，そこでやる気をなくしてしまうからである．2 勝 1 敗を 10 回繰り返す（= 合計すると，20 勝 10 敗）のと 10 連敗後に 20 連勝では，最終的な成績は同じ 20 勝 10 敗である．しかし，10 連敗の途中で売買をやめてしまうかもしれないし，資金がなくなるかもしれないだろう．たとえそうでなくても，その 10 連敗中に，ストレスで命を削っているかもしれない．できれば，心穏やかに資金の運用をしたい．だから，連敗しないことは重要である．いい換えれば，当たり前だが，資金が途中で大きく減らないことが重要である．そういう観点から，図 3.14 を眺めてみると，2007 年 8 月と 9 月，2007 年 11 月，2008 年 11 月と 12 月あたりで，資金が減っているのが少し気になる．

ところで，日経平均先物の枚数であるが，表 3.6 でいちばん利益を出している 2009 年の最後（= 12 月末）の枚数は 21 枚であった．このくらいの枚数であれば，板情報なしの売買シミュレーションでも，板情報ありの売買シミュレーションとそれほど差がないであろう．

さて，今まで述べてきたように，それなりに良好な成績が得られた．上述した

学習方法や売買方法に対して改良をいくつか行ったところ，成績がよくなることを確認したが，本書では紹介しない．内容が少しややこしくなるのと，紙数の関係からである．

3.6.5　学習期間と予測期間を変えた売買シミュレーション

次に，学習期間と予測期間を以下のように変えてみよう．いちばん最近の 10 年で学習し，いちばん昔の 17 年で予測する．予測というより検証といった感じである．

学習期間：2008 年～ 2017 年（10 年）
予測期間：1991 年～ 2007 年（17 年）

学習結果は以下の通りである．3.6.2 項の学習結果とほぼ同じ結果である．

学習回数：2000
学習誤差：0.370
予測誤差：0.386

売買シミュレーションのパラメータは以下の通りである．

利食い開始値：　30 円
損切り値：　500 円
α%：　96 %

売買シミュレーション結果を**表 3.7** に示す．

表 3.7　売買シミュレーション結果

期間	勝	負	資金〔万円〕	倍率〔17 年〕	平均倍率〔1 年〕
1991 ～ 2007	1371	277	10,054,184,380	5,027,092	2.48
2001 ～ 2017	1404	208	15,460,994,490	7,730,497	2.54

上の二つを比較すると，勝の数と負の数は，今回の方が少し悪い．そして，資金と倍率〔17 年〕は減っているが，平均倍率〔1 年〕（＝ 相乗平均）にすると，今回（1991 ～ 2007）が 2.48，前回（2001 ～ 2017）が 2.54 で，それほど大きい差ではない．

表 3.8 に各年の売買シミュレーションの結果を示す.

表 3.8 各年の売買シミュレーション結果

年	勝	負	資金〔万円〕	倍率	利食い値平均	両建て日数
1991	82	14	47,953	24.0	331	64
1992	81	23	7,367	3.68	249	71
1993	77	14	12,462	6.23	243	74
1994	78	15	3,532	1.77	153	105
1995	83	23	3,617	1.81	211	85
1996	87	10	7,989	3.99	153	79
1997	83	27	2,289	1.14	207	81
1998	76	27	1,642	0.82	203	88
1999	81	15	4,841	2.42	169	80
2000	78	17	7,307	3.65	223	78
2001	77	20	1,531	0.77	130	106
2002	79	14	2,768	1.38	118	87
2003	71	13	2,072	1.04	108	105
2004	74	6	4,486	2.24	105	89
2005	85	7	3,591	1.80	85	104
2006	81	12	5,875	2.94	167	84
2007	75	13	4,538	2.27	174	82
合計	1348	270	123,860			
平均	79.3	15.9	7,286	3.64	178	86
平均（表 3.5）	82.2	14.7	5,386	2.69	144	96

2001 年～ 2017 年の売買シミュレーションの結果（表 3.5）もいちばん下に載せている. 1998 年と 2001 年の倍率が 1 より小さい（＝ 損をする）のが, 気になる. 平均値の評価も重要であるが, 最低値の評価も重要である. 平均倍率（相加平均）が 3.64 と表 3.5 の平均倍率（相加平均）2.69 より大きいが, これは, 1991 年の 24 倍があるからである. これを除くと 2.37 倍となり, 表 3.5 の平均倍率 2.69 より悪くなる. 1991 年はバブル崩壊の年である. 売っていれば儲かるというような年なのであろうか.

3.7　売買シミュレーション（ディープラーニング）

今までは，3層ニューラルネットワークによる売買シミュレーションを行ってきた．以下では，深層ニューラルネットワーク（ディープラーニング）による売買シミュレーションを行う．深層ニューラルネットワークは，画像処理などで成果を出しているが，時系列予測の分野での成果はまだあまりない．

時系列予測なので，リカレントニューラルネットワーク（第5章参照）を使うことも考えられるが，3層ニューラルネットワークの層数を増やすとどうなるかを見たいため，リカレントニューラルネットワークは使わないことにする．深層ニューラルネットワークとしてはデノイジングオートエンコーダ（第2章と第5章参照）を使う．

深層ニューラルネットワークが最もよく使われている画像処理では，層数が100を超える深層ニューラルネットワークもある．筆者（月本）の研究室では，この数年，深層ニューラルネットワークを用いて株の予測の実験を行ってきたが，層数が多い深層ニューラルネットワークではあまりよい結果が得られなかった．そこで，本書では，4層と5層の結果を紹介する．

また，活性化関数は，シグモイド関数を用いた．深層ニューラルネットワークの場合には，シグモイド関数を用いると，勾配消失問題（第5章参照）が発生するので，ReLU（第5章参照）が使われることが多いようである．しかしながら，4層や5層程度では，勾配消失問題は発生しないと思われるので，シグモイド関数を用いた．

3.7.1　学習について

深層ニューラルネットワークの構成を，**図3.15**と**図3.16**に示す．図3.15は，中間層が2層の場合であり，図3.16は中間層が3層の場合である．各中間層の素子数は60にする．

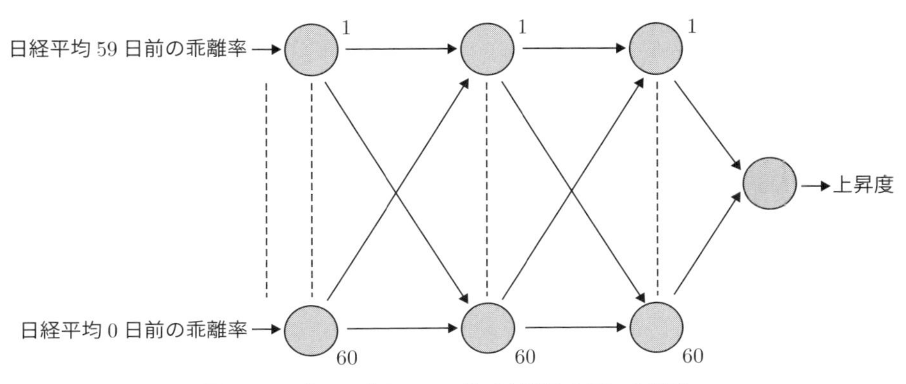

図 3.15　ディープラーニング（中間層 2 層）の構成

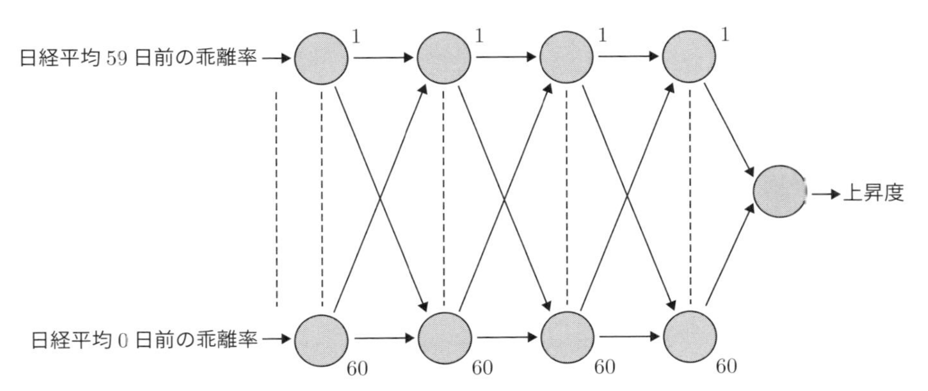

図 3.16　ディープラーニング（中間層 3 層）の構成

学習期間と予測期間は，3 層ニューラルネットワークと同じで，以下の通りである．

学習期間：1991 年～ 2000 年（10 年）
予測期間：2001 年～ 2017 年（17 年）

いくつか条件を変えてやってみたが，そのうちの 4 個の結果を**表 3.9** に示す．

1. 中間層 2＋ 事前学習 2000 回 ＋ 誤差逆伝搬法学習 2000 回
2. 中間層 2＋ 事前学習 3000 回 ＋ 誤差逆伝搬法学習 3000 回
3. 中間層 3＋ 事前学習 2000 回 ＋ 誤差逆伝搬法学習 2000 回

4. 中間層 3＋ 事前学習 3000 回 ＋ 誤差逆伝搬法学習 3000 回

なお，誤差は 500 回ごとに示す．事前学習に関しては第 2 章と第 5 章を参照してもらいたい．

表 3.9-1　1. の学習結果

学習回数	学習誤差	予測誤差
500	0.450	0.470
1000	0.380	0.414
1500	0.349	0.408
2000	0.335	0.416

表 3.9-2　2. の学習結果

学習回数	学習誤差	予測誤差
500	0.444	0.464
1000	0.371	0.408
1500	0.346	0.406
2000	0.333	0.416
2500	0.321	0.426
3000	0.308	0.435

表 3.9-3　3. の学習結果

学習回数	学習誤差	予測誤差
500	0.480	0.495
1000	0.435	0.460
1500	0.357	0.409
2000	0.331	0.419

表 3.9-4　4. の学習結果

学習回数	学習誤差	予測誤差
500	0.476	0.494
1000	0.415	0.452
1500	0.351	0.419
2000	0.330	0.428
2500	0.312	0.440
3000	0.294	0.453

上の 4 個の場合，いずれでも，学習回数が 1500 回で，予測誤差がいちばん小さいのは，2. の「中間層 2＋ 事前学習 3000 回 ＋ 誤差逆伝搬法学習 3000 回」の学習回数 1500 回の予測誤差 0.406 である．各年の予測を**図 3.17** に示す．なお，売買シミュレーションの結果の資金の推移も併せて載せてあるが，これについては後で説明する．図 3.17 の予測はそれなりに当たっていると思われる．そこで，以下では，この学習結果で売買シミュレーションを行う．

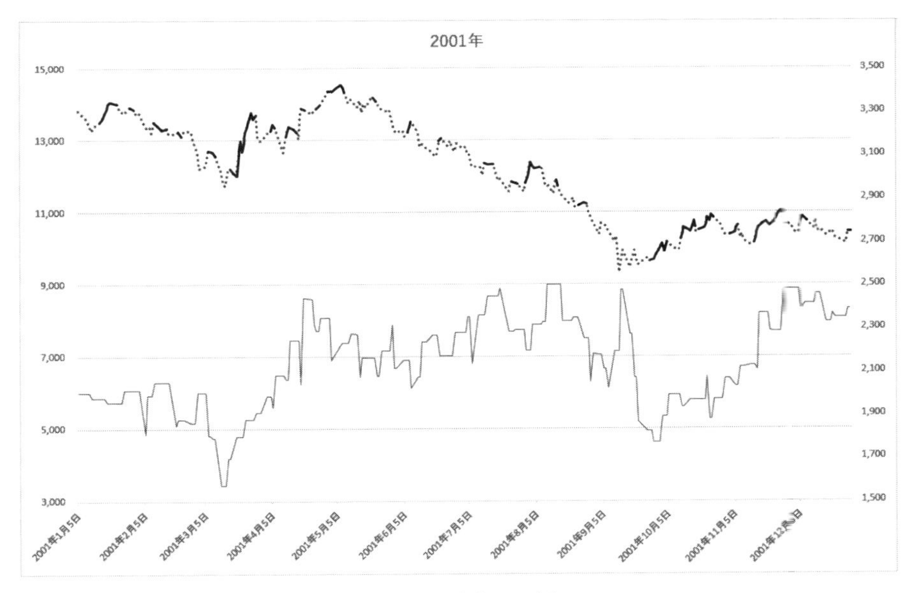

図 3.17　各年の予測

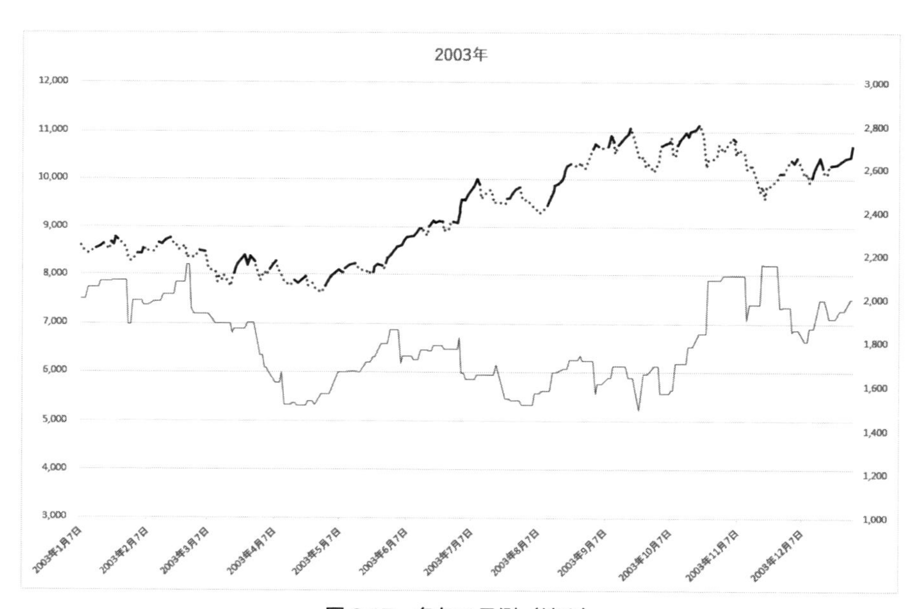

図 3.17　各年の予測（続き）

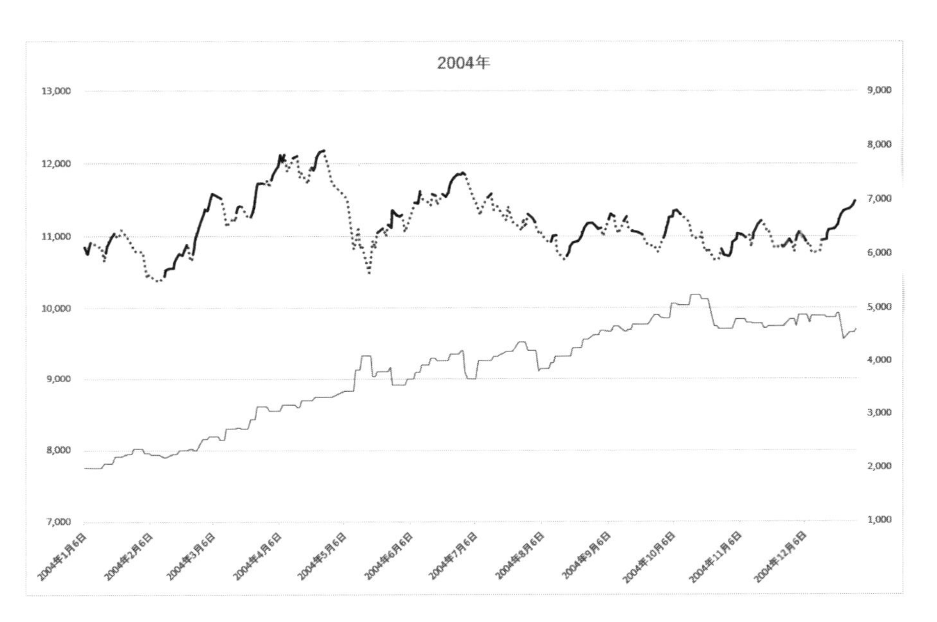

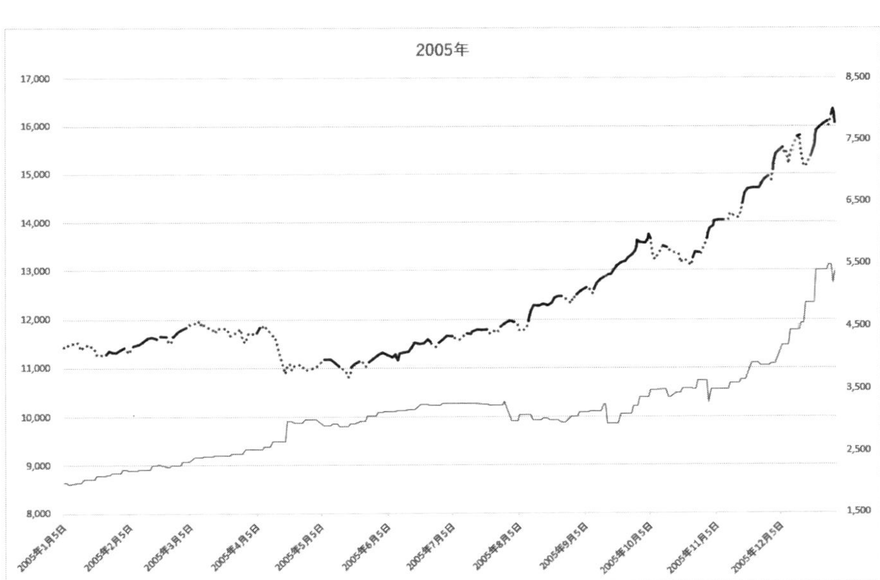

図 3.17　各年の予測（続き）

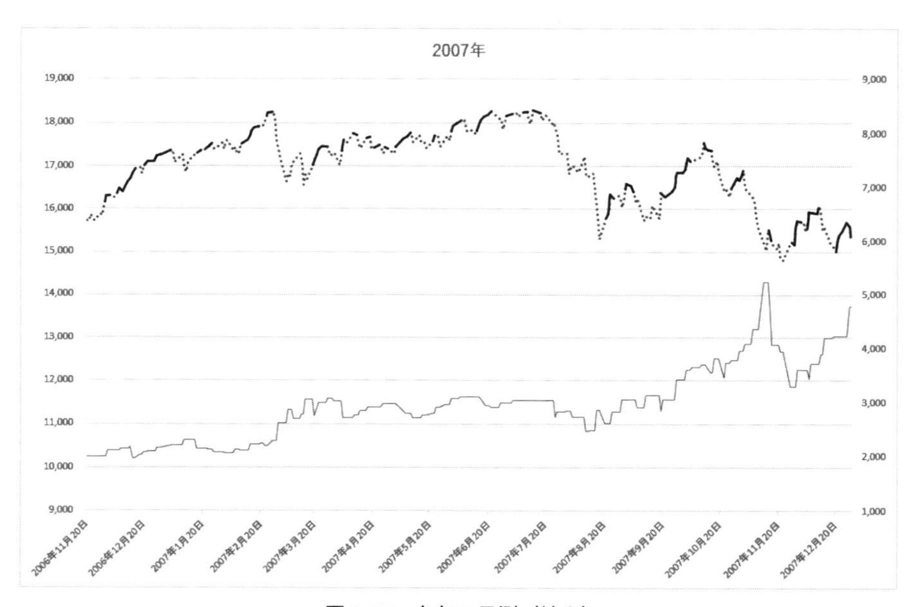

図 3.17　各年の予測（続き）

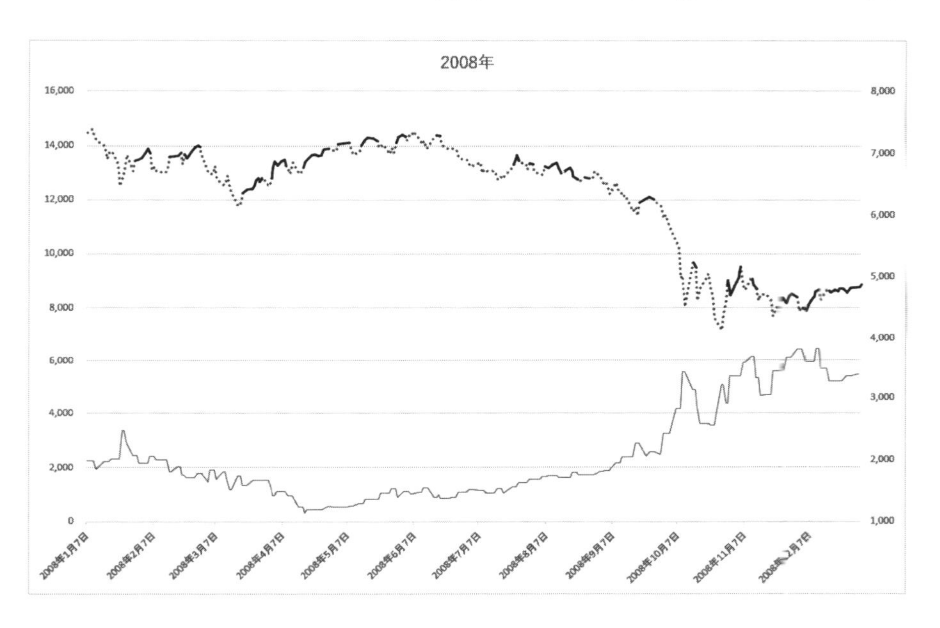

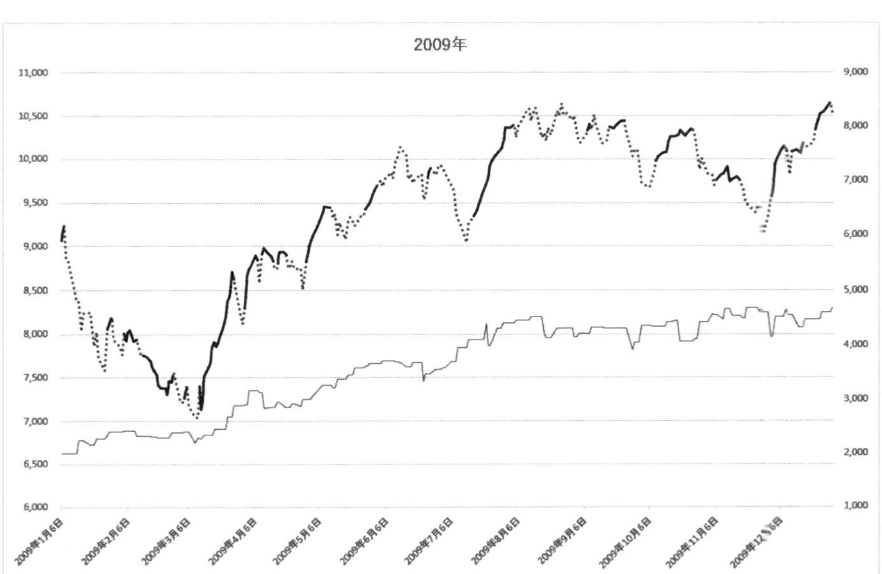

図 3.17　各年の予測（続き）

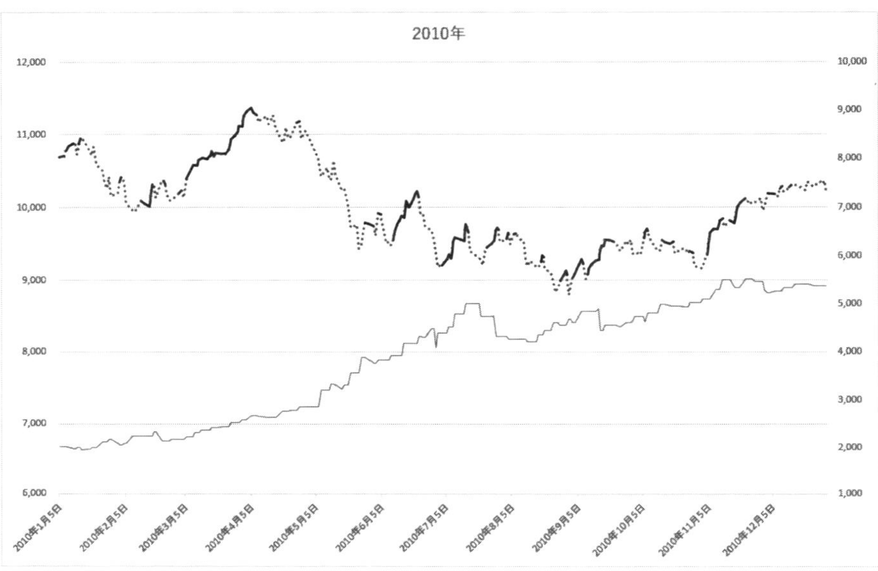

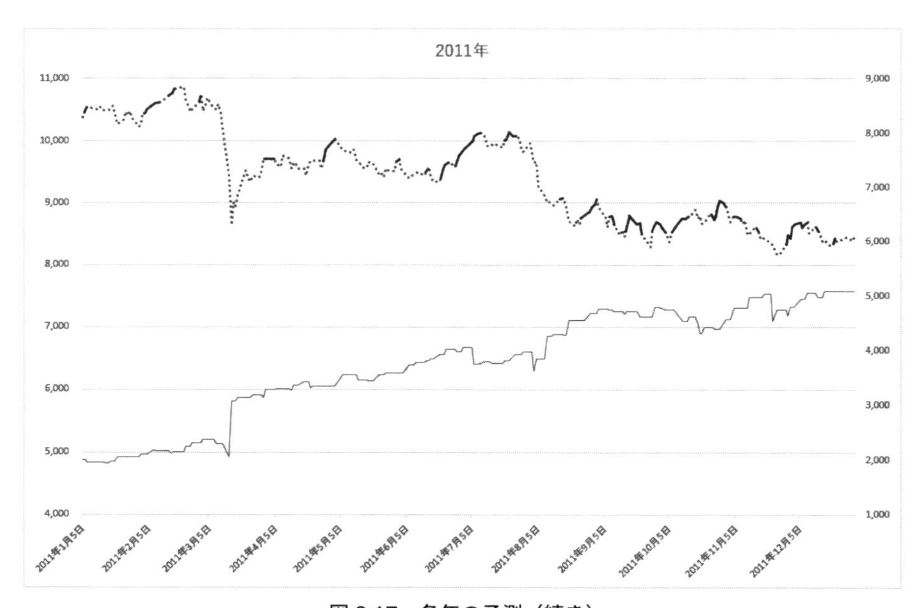

図3.17　各年の予測（続き）

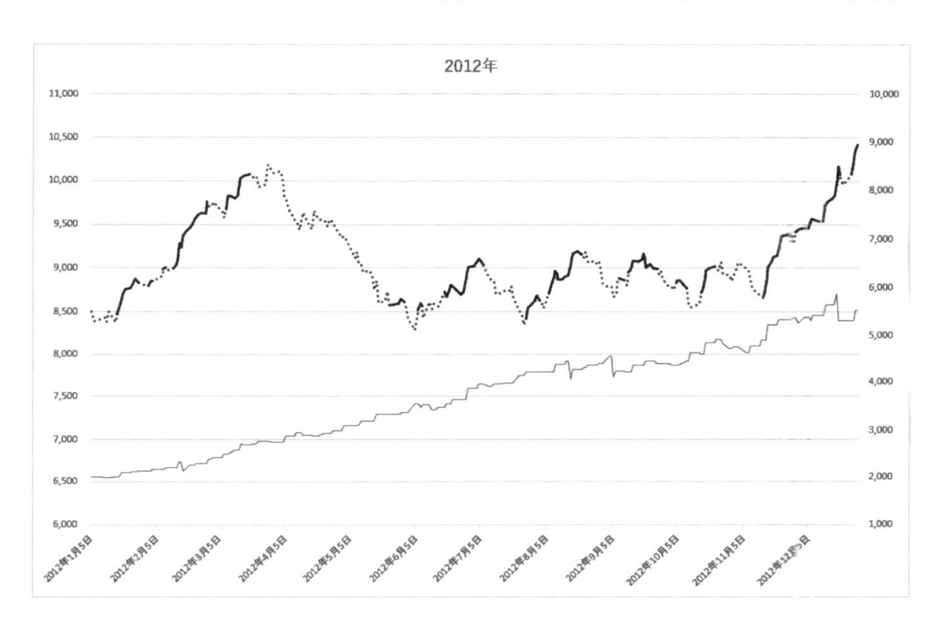

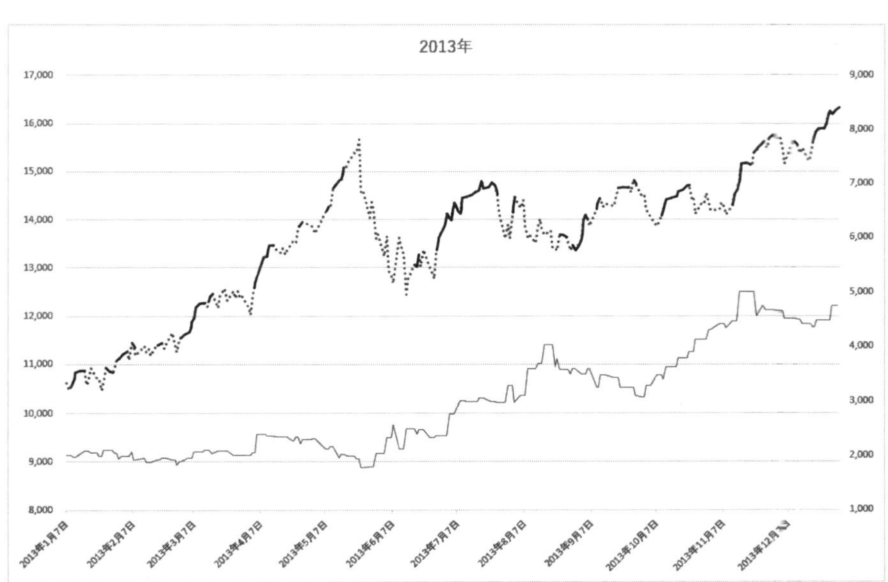

図 3.17　各年の予測（続き）

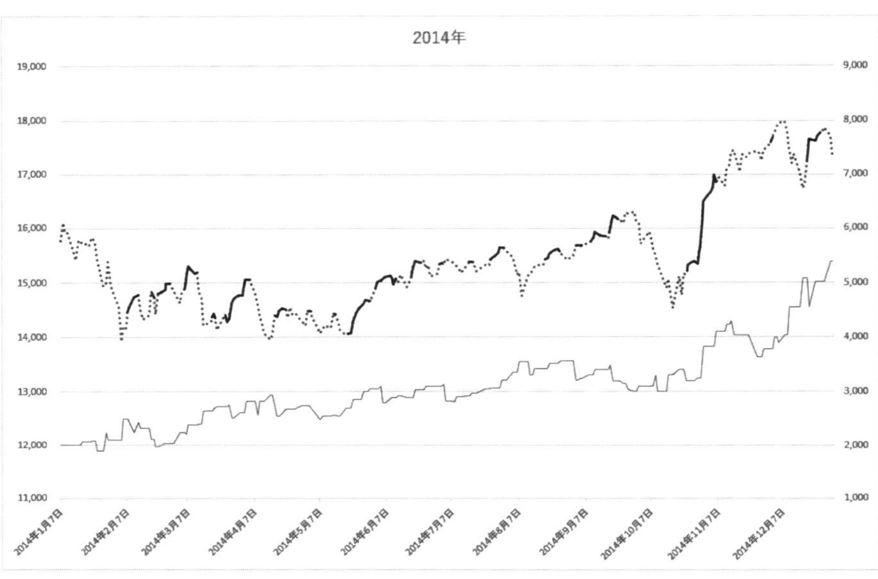

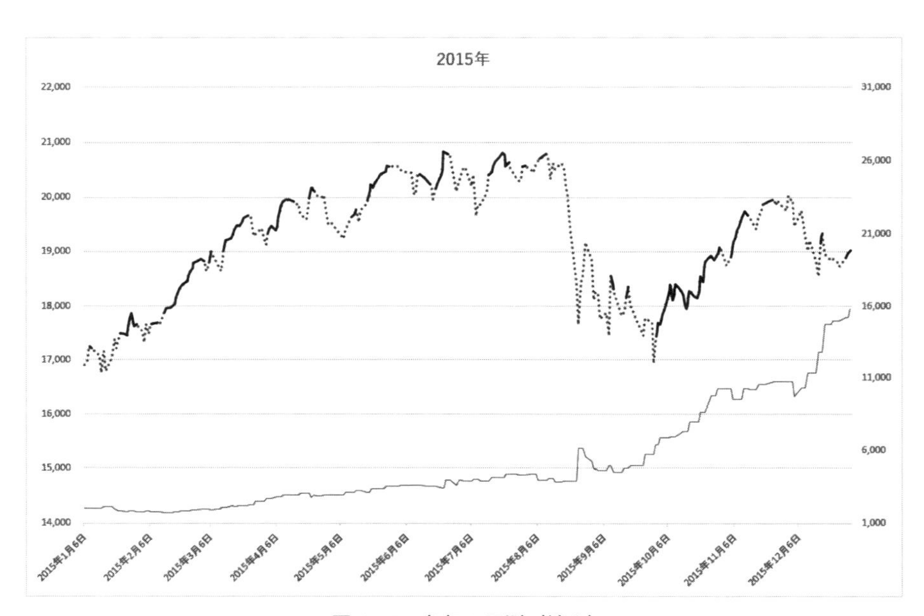

図 3.17　各年の予測（続き）

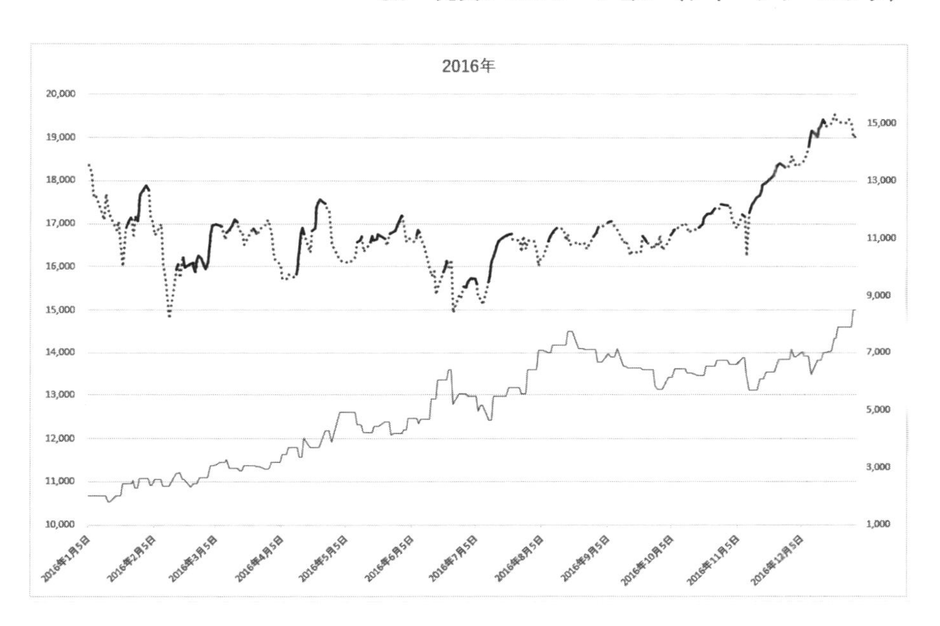

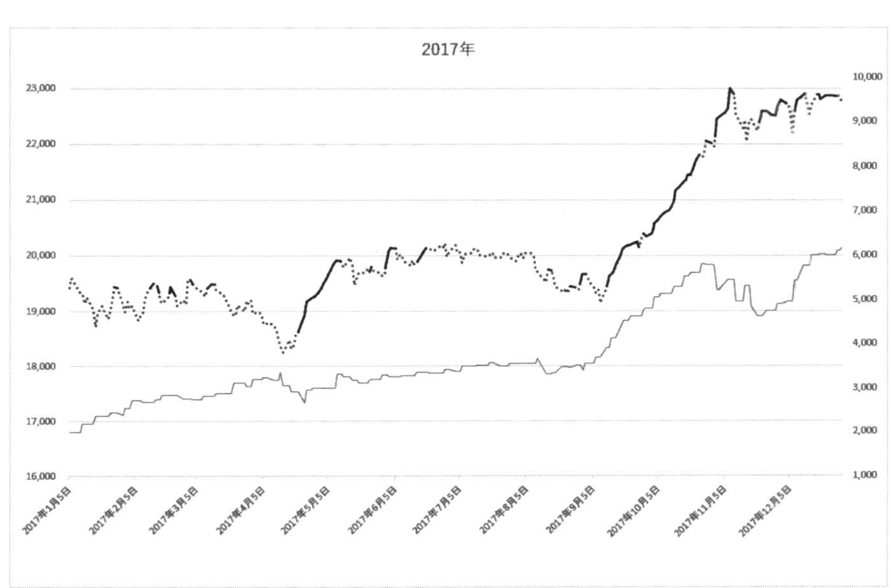

図 3.17　各年の予測（続き）

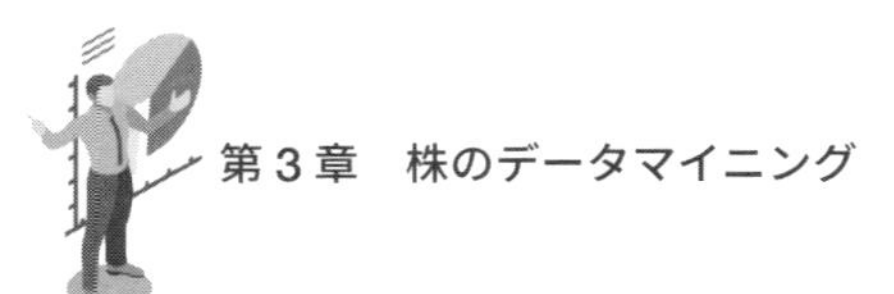

3.7.2　売買シミュレーション

売買シミュレーションのパラメータは，3 層ニューラルネットワークと同様で，以下の通りである．

利食い開始値：　30 円
損切り値：　500 円
α%：　96 %

結果を**表 3.10** と**表 3.11** に示す．深層ニューラルネットワークと 3 層ニューラルネットワークを比較すると，17 年通年では，3 層ニューラルネットワークの方がよいが，各年では深層ニューラルネットワークの方がよい．しかし，その差は小さいので，ほぼ同じ成績といえよう．なお，表 3.10 の平均倍率〔1 年〕は相乗平均である．

表 3.10　売買シミュレーション結果

方法	勝	負	資金〔万円〕	倍率〔17 年〕	平均倍率〔1 年〕
深層	1376	199	13,474,769,080	6,737,385	2.52
3 層	1404	208	15,460,994,490	7,730,497	2.54

表 3.11　各年の売買シミュレーション結果

年	勝	負	資金〔万円〕	倍率	利食い値平均	両建て日数
2001	83	19	2,386	1.19	144	114
2002	83	10	4,431	2.22	124	85
2003	75	13	2,000	1.00	96	99
2004	80	7	4,608	2.30	110	95
2005	82	4	5,366	2.68	93	82
2006	76	15	4,819	2.41	178	93
2007	78	14	4,790	2.40	168	99
2008	78	24	3,395	1.70	215	64
2009	80	7	4,683	2.34	108	89
2010	81	6	5,382	2.69	108	106
2011	81	5	5,084	2.54	107	114
2012	82	4	5,532	2.77	98	108
2013	94	8	4,745	2.37	100	80
2014	82	15	5,387	2.69	165	97
2015	80	10	15,847	7.92	229	55
2016	79	23	8,496	4.25	269	77
2017	80	7	6,186	3.09	127	76
合計	1374	191	93,137			
平均	80.8	11.2	5,479	2.74	143	90
平均（3 層）	82.2	14.7	5,386	2.69	144	96

3 層ニューラルネットワークの結果もいちばん下に載せている．この表の倍率の平均（相加平均）は 2.74 である．各年の資金推移は図 3.17 を見てもらいたい．資金が大きく下がっているのは，2007 年 11 月，2008 年の 2 月と 3 月あたりである．

3.8　まとめ

3層ニューラルネットワークと深層ニューラルネットワーク（ディープラーニング）は，ほぼ同じ成績のようである．しかしながら，デノイジングオートエンコーダを少し試した程度で，結論を出すことはできない．まだまだ試すべきことはたくさんある．例えば，ドロップアウト（第5章参照）であり，リカレントニューラルネットワーク（第5章参照）である．

ところで，3層ニューラルネットワークでも，そこそこ（かなり？）よい成績が出ている．今までの私の経験からいえば，3層ニューラルネットワークを深層ニューラルネットワークに変えることも重要かもしれないが，それよりも重要なことがある．それは以下である．

1. ニューラルネットワークの入力と教師データをどうするか？
   教師データに関しては，以前は天井度であったが，それを今回は上昇度に変えた．これによってよい成績になった．ちなみに，本書では紙数の関係で紹介できなかったが，天井度 + 深層ニューラルネットワーク（ディープラーニング）も試してみたところ，たいしてよくならなかった．
2. 売買方法をどうするか？
   3.6.3項で紹介したように，強制的反対売買をやめることで，成績がよくなった．この例のように，売買方法を変更すると，結果も大きく変わる．

深層ニューラルネットワークをもう少し時間をかけて調べれば，3層ニューラルネットワークより，よくはなるとは思う．しかし，3層ニューラルネットワークで，それなりによい結果が得られているので，深層ニューラルネットワークによる実験をさらに行う気があまりしない．

深層ニューラルネットワークに割く時間と労力があるならば，別のことに割いた方がよいであろう．例えば，上で述べたが，ニューラルネットワークの入力と教師データの改良や売買方法の改良である．

また，パラメータの調整は，それほど綿密に行っていない．パラメータは，少し変えてもそれほど大きな影響を成績に及ぼしていないからである．

売買シミュレーションでの反対売買は，枚数の制約を考慮していないので，その分だけ，不正確なものになっている．したがって，実際の売買を行うと，少し成績が悪くなるかもしれない．

本書では，日足に関する売買シミュレーションを紹介したが，筆者は，5分足，10分足，15分足などの売買シミュレーションも行った．これらに関しても，日足と同等の結果が得られている．「同等」といっても，5分足等の方が日足よりも細かいので，その分だけ売買回数も多くなる．資金は複利計算的に増加するので，売買回数が多くなれば，資金もそれに応じて大きくなる．

今まで述べてきた予測・売買は実戦に耐えられるであろう．なお，最も改良したいところは，連敗をしない（= 途中で大きく損を出さない）ようにすることである．分散売買を行えば，連敗を減らすことができるかもしれない．

第4章 為替のデータマイニング

第４章では，円ドル為替（以降では「円ドル」）の売買シミュレーションを行う．株に興味がなくて為替（FX）だけに興味のある人は，第３章を飛ばして第４章を読むかもしれない．そこで，第３章を飛ばして第４章を読んでも，それなりにわかるように書いたつもりである．しかしながら，第３章で記述したことと同じことを全て第４章で記述するわけにはいかない．第３章で説明しているので，第４章では説明していないという事柄も多い．第４章を読んでいてなにか「あれ，わからない」と思ったならば，第３章を読んでもらいたい．これとは逆に，第３章を読んだ人にとっては，第４章でほぼ同じことが書かれている部分があるが，それは，上で述べたように，株に興味がなく第３章を飛ばした人のためである．ご了解いただきたい．

4.1 FXについて

FXはforeign exchangeの略である．個人投資家は，FX会社でFX（為替）の取引をする．FX会社は，銀行を通して，円やドルの売買を行う．銀行間の円やドルの売買は，インターバンクで行う．

日経平均先物の場合には，その値が一つしかないが，FX（為替）の場合には，値が一つではなく，たくさんあり，FX会社ごとに異なる．日経平均先物の値は取引所の値であるが，FX（為替）の場合には，FX会社の値になる．これは，海外旅行で，円をドルにもしくはドルを円に交換するときに経験するが，業者によって円やドルの買値や売値が違うのと同じである．

FX（為替）のレートは，買値と売値の二つがある．例えば，1ドルの買値は110円で，売値は105円のように．買値を「Ask」，売値を「Bid」といい，買値

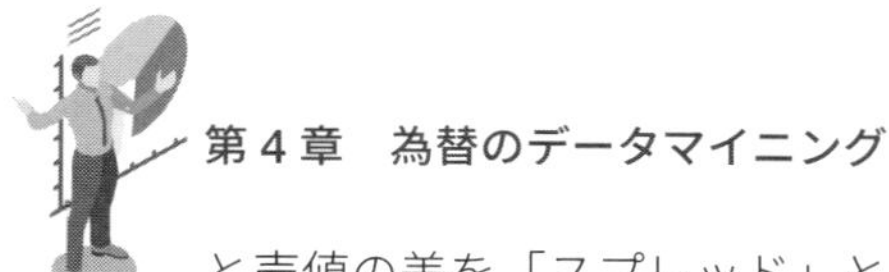

と売値の差を「スプレッド」という．このスプレッドで，FX 業者は利益を出す．多くの FX 会社は，スプレッドで利益を出すので，手数料は取らない．

日経平均先物の場合は，個人投資家は，証券会社を通して取引をする．証券会社と取引をするわけではない．これに対して，FX（為替）の場合は，FX 会社と取引をする．したがって，個人投資家の利益は FX 会社の損になる．逆に，個人投資家の損は FX 会社の利益になる．

4.2　売買シミュレーション方法

ここでは，売買シミュレーション方法について説明する．

4.2.1　売買方法

最初に，売買に関する基本事項を次に示す．

1. 売買は，買い先行と，売り先行の二つを行う．
2. 先行売買の売買判定は終値で行い，売買も終値で行う．

一日の終値は，夏時間は午前 5 時 40 分，冬時間は午前 6 時 40 分時点の値で，一日の始値は終値の 20 分後である．データは http://www.geocities.co.jp/WallStreet-Stock/9256/data.html のデータを用いた．

終値による判定には 1 秒程度かかる．すなわち，終値を受信し，コンピュータープログラムで上昇度を計算して，売買注文を出すのに，1 秒程度かかる．したがって，売買判定を終値で行うと，売買は終値ではできない．しかし，1 秒前の値は終値とほぼ同じであろうから，1 秒前の値で上昇度を計算すれば，終値で売買できるので，終値で売買シミュレーションを行った．

以降では，予測上昇度が一定値（例えば 0.5）以上で上昇と判定し，一定値（例えば 0.5）未満を下降と判定することにする．したがって，どんな日でも，上昇か下降に分類される．いい換えれば，ボックス圏の判定はしない．

また，売買に関する用語に「指値」と「逆指値」があるが，以降では簡単のために，ともに「指値」と呼ぶことにする．

(1) 上昇中

①先行売買

1.（下降から）上昇に変わったら，買う．
2. 上昇中に，買い玉がなければ，買う．

②反対売買

1. 損切りは一定値で行う．損切り値がある日の終値以下で，次の日の始値以上の場合は，その始値で損切りを行う．
2. 利食いは，利益がある値を超えて，利益の最大値の α% を下回ったら行う（トレール注文に類似している）．例えば，利益が 10 銭を超えてから，利益の最大値の 80 % を下回ったら利食いを行う．

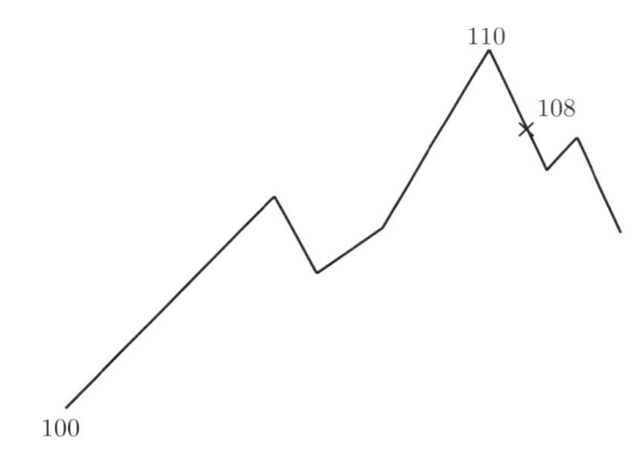

図 4.1　利食い値（上昇）

図 4.1 では，100 円で買って，その後の最大値が 110 円である．したがって，利益の最大が 10 円である．10 円の 80 % は 8 円なので，100 + 8 = 108〔円〕（図 4.1 の×）で売ることになる．ところで，レートの動きが急なときは，利益が，最大値をとった後，急落して，その日のうちに，α%（例えば 80 %）を下回ることもある．そのため，終値で最大値を判定すると，間に合わないことがある．この理由により，最大値を連続的に監視しておく必要があるので，レートを短時間（例えば 1 分）ごとに収集することにしておく．実際の注文の仕方であるが，最大利益の α% の値（例えば，上の例の 108 円）を指値にして，FX 会社に注文を出すことも可能である．しかし，頻繁に指値を変更する可能性がある．これはあま

り望ましくないので，上で述べたように，レートを短時間（例えば 1 分）ごとに収集して，最大利益の $\alpha\%$ の値で，成り行きで注文を出すことにする．したがって，実際の売買で売値は，最大利益の $\alpha\%$ の値ではなく，若干上下する可能性もある．

3. 利食い値が，ある日の終値以下で，次の日の始値以上のことがある．この場合は，その始値で売ることにする．

(2) 下降中

①先行売買

1. (上昇から) 下降に変わったら，売る．
2. 下降中に，売り玉がなければ，売る．

②反対売買

1. 損切りは一定値で行う．損切り値がある日の終値以上で，次の日の始値以下の場合は，その始値で損切りを行う．
2. 利食いは，利益がある値以上になって，利益の最大値の $\alpha\%$ を下回ったら行う（トレール注文に類似している）．例えば，利益が 10 銭を超えてから，利益の最大値の 80 % を下回ったら利食いを行う．

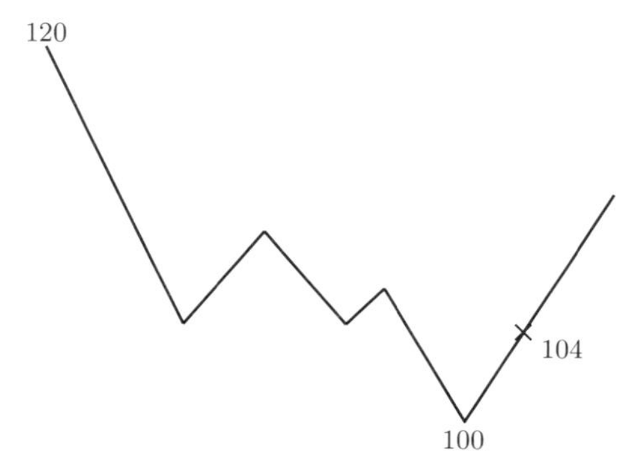

図 4.2　利食い値

図 4.2 では，120 円で売って，その後の最小値が 100 円である．したがって，利益の最大が 20 円である．20 円の 80 % は 16 円なので，$120 - 16 = 104$〔円〕（図 4.2 の×）で買い戻すことになる．ところで，レートの動きが急なときは，利益が，最大値をとった後，急上昇して，その日の

うちに，α%（例えば 80 %）を下回ることもある．そのため，終値で最大値を判定すると，間に合わないことがある．この理由により，最大値を連続的に監視しておく必要があるので，レートを（例えば 1 分ごとに）収集することにしておく．実際の注文の仕方は，「(1) 上昇中」で述べたように，最大利益の α% の値で，成り行きで注文を出すことにする．

3. 利食い値が，ある日の終値以上で，次の日の始値以下のことがある．この場合は，その始値で買い戻すことにする．

なお，売買シミュレーション上では，一日のうちに上下に激しく動いた日は，損切りと利食いが両方とも可能になる場合がある．実際の詳細な値動きを調べれば，損切りなのか利食いなのかがわかる．しかし，ここでは，日足だけで売買シミュレーションを行っているので，損切りと利食いの両方が可能な場合は，損切りを行う．売買シミュレーション結果を少なめに（＝ 安全サイドに）見積もりたいということである．

4.2.2 売買シミュレーションの具体的条件の設定

最初の資金を 2,000 万円にする．資金の 2 割で売買を行う．最初に，2,000 × 0.2＝400〔万円〕で売買を行う．リバレッジは 25 倍とする．したがって，資金の 2 割の 25 倍をレートで割った分だけのドルを売買する．割りきれないときは切り捨てる．

例は以下の通りである．資金を 2,000 万円とし，1〔ドル〕＝100〔円〕とする．

2,000〔万円〕× 0.2＝400〔万円〕
400〔万円〕× 25/100〔円〕＝100〔万ドル〕

よって，100 万ドルを売買することになる．

手数料は，ほとんどの FX 会社で 0 円なので，0 円とする．スプレッドは，Ask（買値）と Bid（売値）の差である．すなわち，スプレッド ＝ Ask（買値）− Bid（売値）である．例えば，Ask（買値）が 102 円で，Bid（売値）が 98 円ならば，スプレッドは，102〔円〕− 98〔円〕＝ 4〔円〕となる．このスプレッドで FX 会社は利益を出す．

したがって，上の何ドル売買するかを計算した際には，1〔ドル〕＝ 100〔円〕

としたが，今回の売買シミュレーションに用いるレートは仲値（＝(Ask（買値）＋Bid（売値）)/2）なので，スプレッドを入れなければならない．したがって，レートが 100 円のときは，Ask（買値）＝100＋ スプレッド /2，Bid（売値）＝100－ スプレッド /2 とする．すなわち，買うときは，100 円ではなく，(100＋スプレッド /2)〔円〕で，売るときには，(100－ スプレッド /2)〔円〕で，計算する．スプレッドは FX 会社で異なる．ここでは，スプレッドを 0.5 銭とする．

スワップに関しては，考慮しない．スワップを入れて売買シミュレーションを行ったが，大勢に影響を与えるようなことはなかったからである．スワップ（ポイント）とは，二つの通貨の金利差のことである．円とドルならば，円とドルの金利差である．現在，円はドルより金利が低いので，ドルを買えば，金利差に応じた利益が得られる．逆に，ドルを売れば，金利差に応じた損失が発生する．

4.3　売買シミュレーション（3 層ニューラルネットワーク）

4.3.1　学習

誤差逆伝搬法でニューラルネットワークの学習を行う．ニューラルネットワークの構成などの条件は以下のようにする（**図 4.3** 参照）．なお，なぜ構成などの条件をこのようにしたかに関しては，第 3 章で説明しているので，第 3 章を読んでもらいたい．

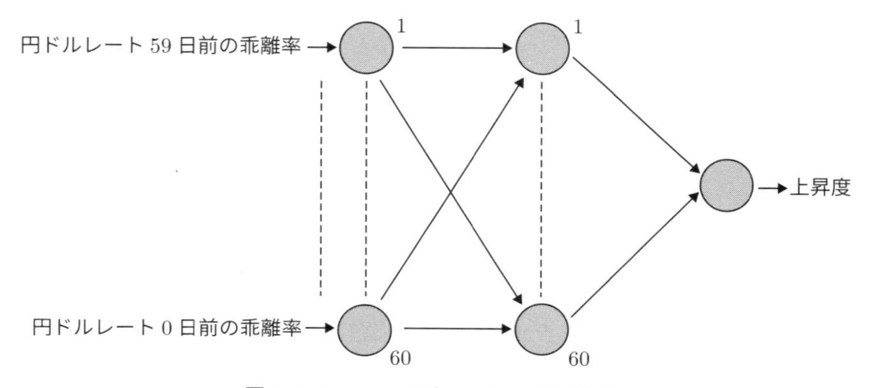

図 4.3　ニューラルネットワークの構成

入力するテクニカル指標：乖離率
移動平均線の期間：　60
層数：　3
入力層の素子数：　60
中間層の素子数：　60
出力層の素子数：　1
教師データ：　上昇度
学習期間：　1991 年～ 2000 年（10 年）
予測期間：　2001 年～ 2017 年（17 年）

学習結果は以下の通りである．括弧のなかは第 3 章の日経平均の場合の数値である．参考までに書いた．

学習回数：3000（2000）
学習誤差：0.402（0.372）
予測誤差：0.436（0.387）

学習誤差とは学習期間での誤差の平均である．予測誤差とは予測期間での誤差の平均である．円ドルは日経平均よりも少し悪い．また，日経平均は学習回数は 2000 回であるが，円ドルの場合は 2000 回だと誤差が大きかったので，1000 回多くして 3000 回にした．それでも誤差が大きいが，学習回数をさらに大きくしても，さほど誤差は小さくならない．第 3 章で書いたように，学習結果の良し悪しをみるには，誤差ではなく，上昇/下降が適切に予測できているかどうかで判断するのがよいと思われる．実際，後で述べるが，誤差の大きい円ドルの方が日経平均より，売買シミュレーションの成績はよい．

図 4.4 に，各年の予測を示す．なお，売買シミュレーションの結果の資金の推移も併せて載せてある．円ドルは図の上に示し，資金は下に示した．そして，両者は交わらないようにした．円ドルの目盛りは左側に記した．単位は円である．資金の目盛りは右側に記した．単位は 1,000 万円である．資金の推移に関しては，後で説明する．

2001年
135
130
125
120
115
110
105
100
95
26,000
21,000
16,000
11,000
6,000
1,000
2001年1月1日
2001年2月1日
2001年3月1日
2001年4月1日
2001年5月1日
2001年6月1日
2001年7月1日
2001年8月1日
2001年9月1日
2001年10月1日
2001年11月1日
2001年12月1日

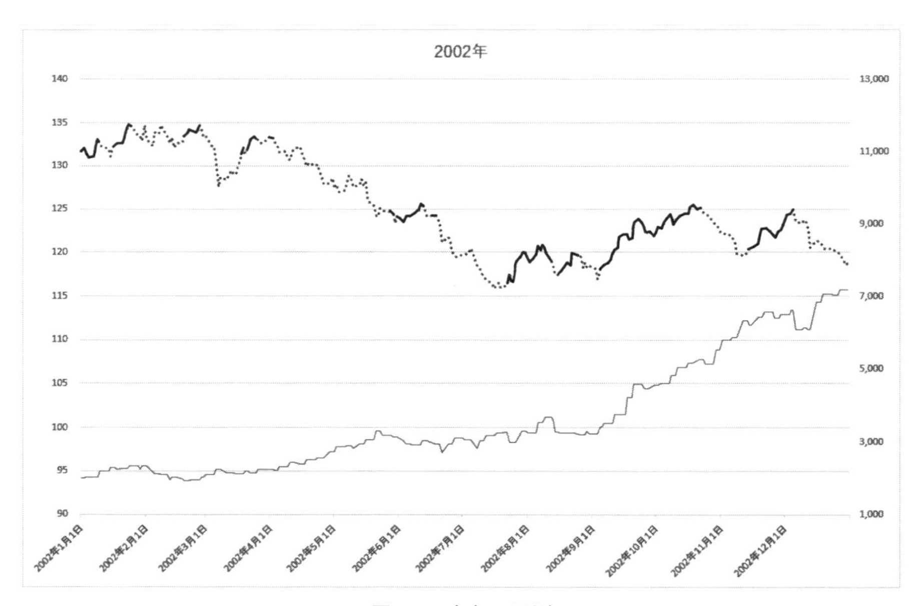
2002年
140
135
130
125
120
115
110
105
100
95
90
13,000
11,000
9,000
7,000
5,000
3,000
1,000
2002年1月1日
2002年2月1日
2002年3月1日
2002年4月1日
2002年5月1日
2002年6月1日
2002年7月1日
2002年8月1日
2002年9月1日
2002年10月1日
2002年11月1日
2002年12月1日

図 4.4　各年の予測

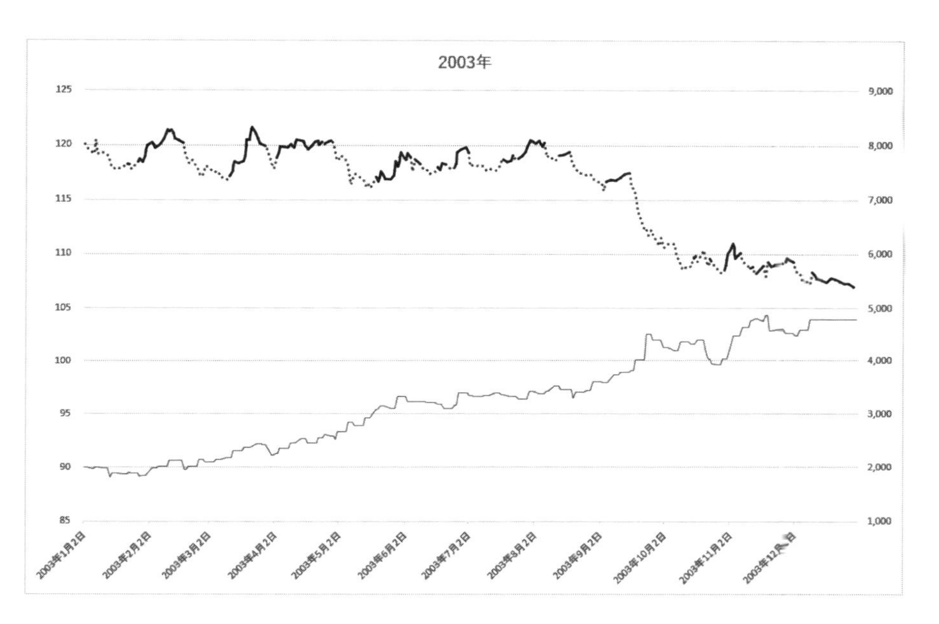
2003年
125
120
115
110
105
100
95
90
85
9,000
8,000
7,000
6,000
5,000
4,000
3,000
2,000
1,000
2003年1月2日
2003年2月2日
2003年3月2日
2003年4月2日
2003年5月2日
2003年6月2日
2003年7月2日
2003年8月2日
2003年9月2日
2003年10月2日
2003年11月2日

2004年
115
110
105
100
95
90
6,500
6,000
5,500
5,000
4,500
4,000
3,500
3,000
2,500
2,000
1,500
2004年1月2日
2004年2月2日
2004年3月2日
2004年4月2日
2004年5月2日
2004年6月2日
2004年7月2日
2004年8月2日
2004年9月2日
2004年10月2日
2004年11月2日
2004年12月2日

図 4.4　各年の予測（続き）

2005年
125
120
115
110
105
100
95
90
9,000
8,000
7,000
6,000
5,000
4,000
3,000
2,000
1,000
2005年1月3日
2005年2月3日
2005年3月3日
2005年4月3日
2005年5月3日
2005年6月3日
2005年7月3日
2005年8月3日
2005年9月3日
2005年10月3日
2005年11月3日
2005年12月3日

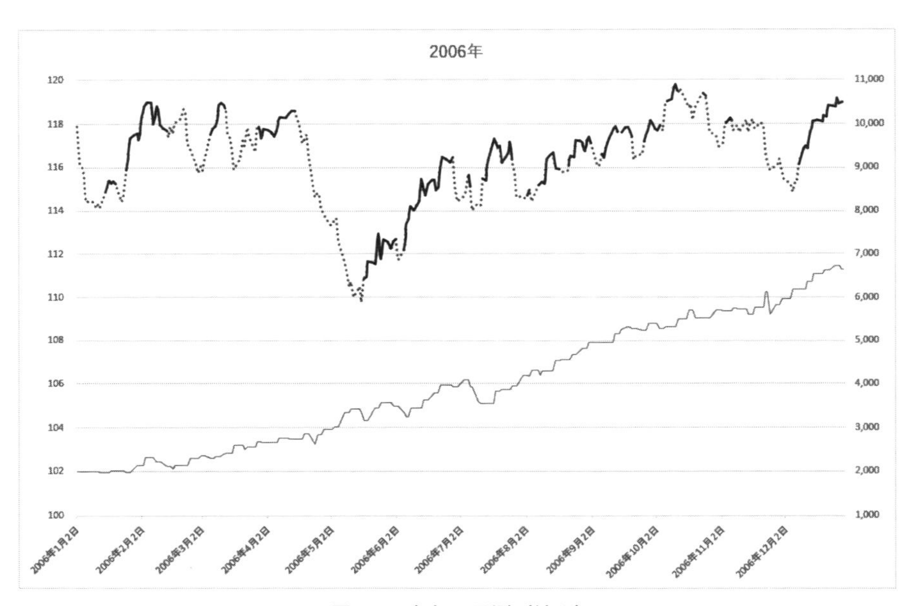

2006年
120
118
116
114
112
110
108
106
104
102
100
11,000
10,000
9,000
8,000
7,000
6,000
5,000
4,000
3,000
2,000
1,000
2006年1月2日
2006年2月2日
2006年3月2日
2006年4月2日
2006年5月2日
2006年6月2日
2006年7月2日
2006年8月2日
2006年9月2日
2006年10月2日
2006年11月2日
2006年12月2日

図 4.4　各年の予測（続き）

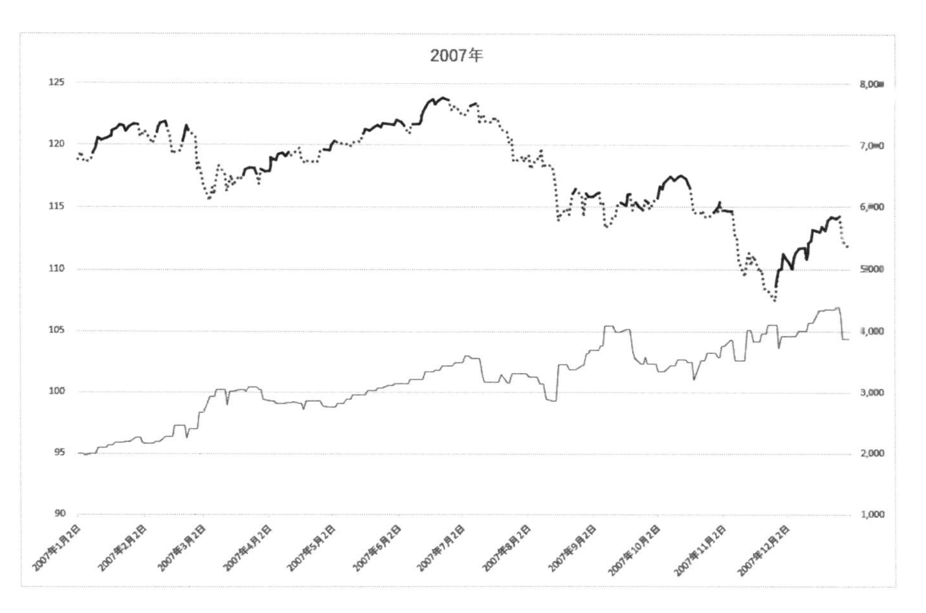
2007年
125
120
115
110
105
100
95
90
1,000
2,000
3,000
2007年1月2日
2007年2月2日
2007年3月2日
2007年4月2日
2007年5月2日
2007年6月2日
2007年7月2日
2007年8月2日
2007年9月2日
2007年10月2日
2007年11月2日
2007年12月2日

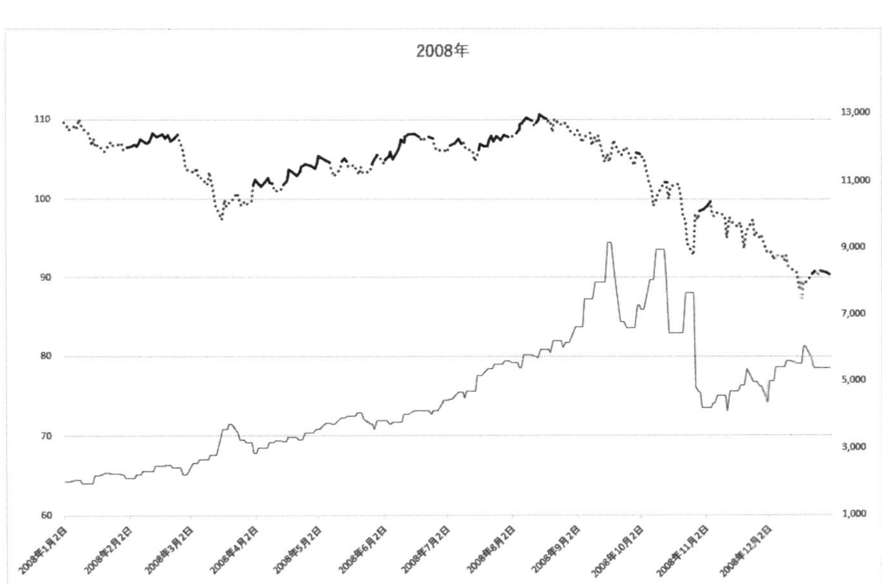
2008年
110
100
90
80
70
60
13,000
11,000
9,000
7,000
5,000
3,000
1,000
2008年1月2日
2008年2月2日
2008年3月2日
2008年4月2日
2008年5月2日
2008年6月2日
2008年7月2日
2008年8月2日
2008年9月2日
2008年10月2日
2008年11月2日
2008年12月2日

図 4.4　各年の予測（続き）

2009年
105
100
95
90
85
80
75
70
65
15,000
13,000
11,000
9,000
7,000
5,000
3,000
1,000
2009年1月2日
2009年2月2日
2009年3月2日
2009年4月2日
2009年5月2日
2009年6月2日
2009年7月2日
2009年8月2日
2009年9月2日
2009年10月2日
2009年11月2日
2009年12月2日

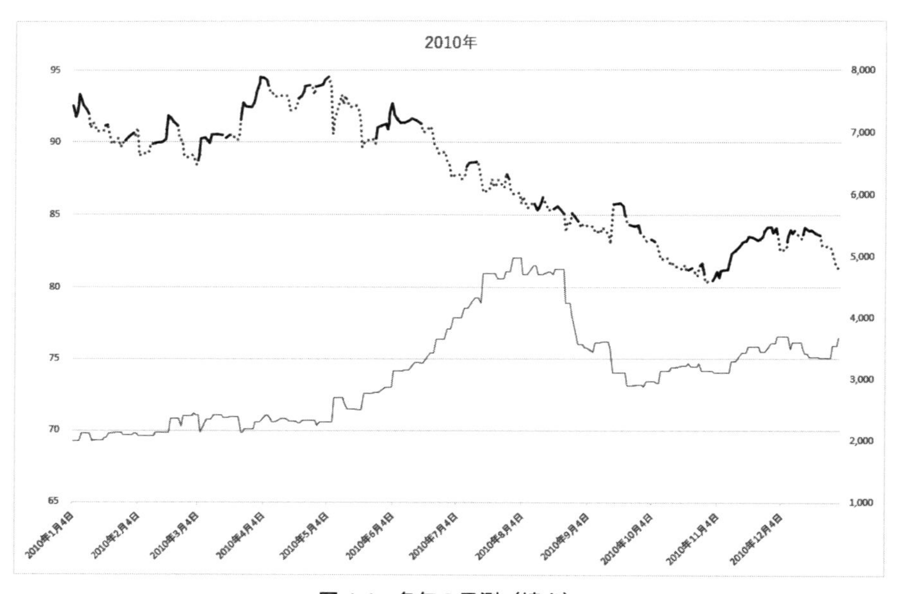
2010年
95
90
85
80
75
70
65
8,000
7,000
6,000
5,000
4,000
3,000
2,000
1,000
2010年1月4日
2010年2月4日
2010年3月4日
2010年4月4日
2010年5月4日
2010年6月4日
2010年7月4日
2010年8月4日
2010年9月4日
2010年10月4日
2010年11月4日
2010年12月4日

図 4.4　各年の予測（続き）

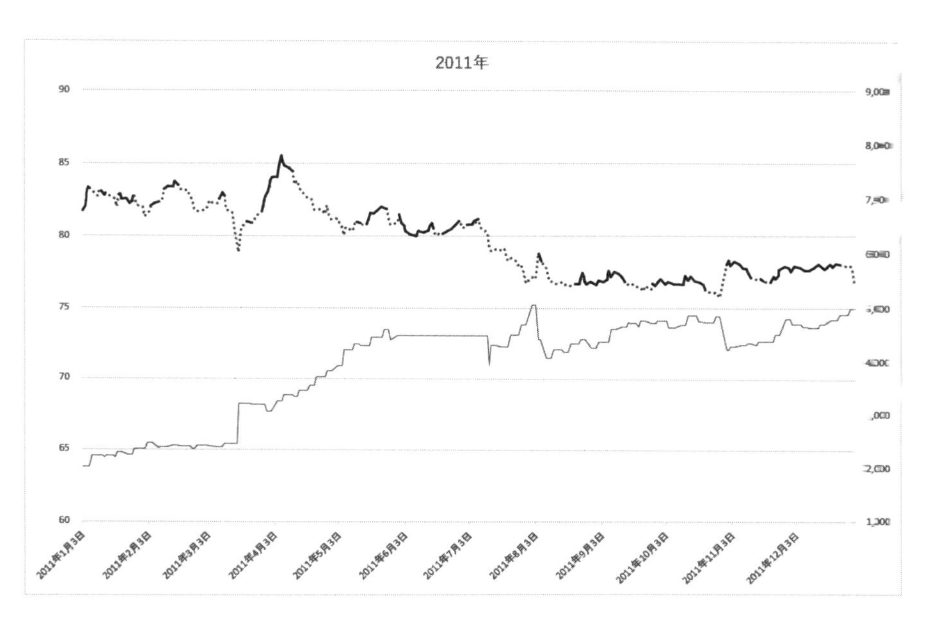
2011年
90
85
80
75
70
65
60
2011年1月3日
2011年2月3日
2011年3月3日
2011年4月3日
2011年5月3日
2011年6月3日
2011年7月3日
2011年8月3日
2011年9月3日
2011年10月3日
2011年11月3日
2011年12月3日

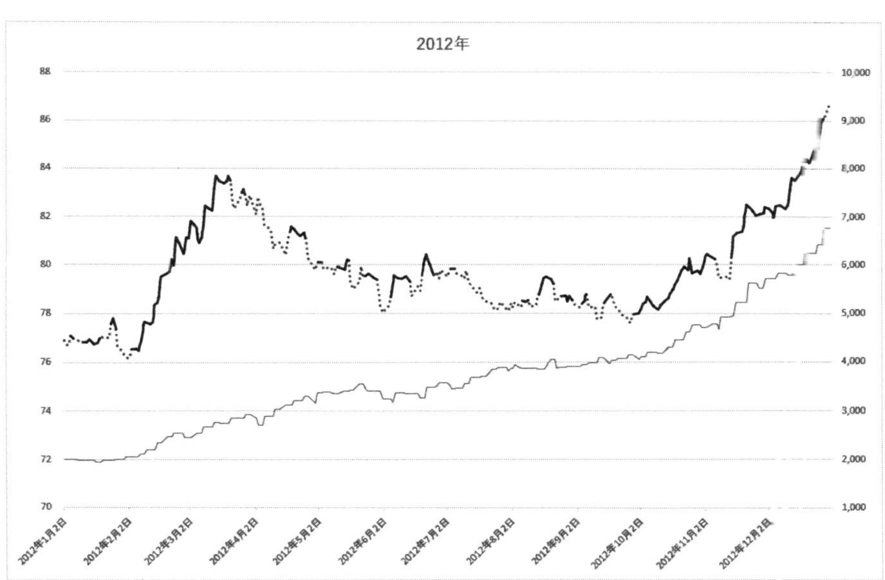
2012年
88
86
84
82
80
78
76
74
72
70
10,000
9,000
8,000
7,000
6,000
5,000
4,000
3,000
2,000
1,000
2012年1月2日
2012年2月2日
2012年3月2日
2012年4月2日
2012年5月2日
2012年6月2日
2012年7月2日
2012年8月2日
2012年9月2日
2012年10月2日
2012年11月2日
2012年12月2日

図 4.4　各年の予測（続き）

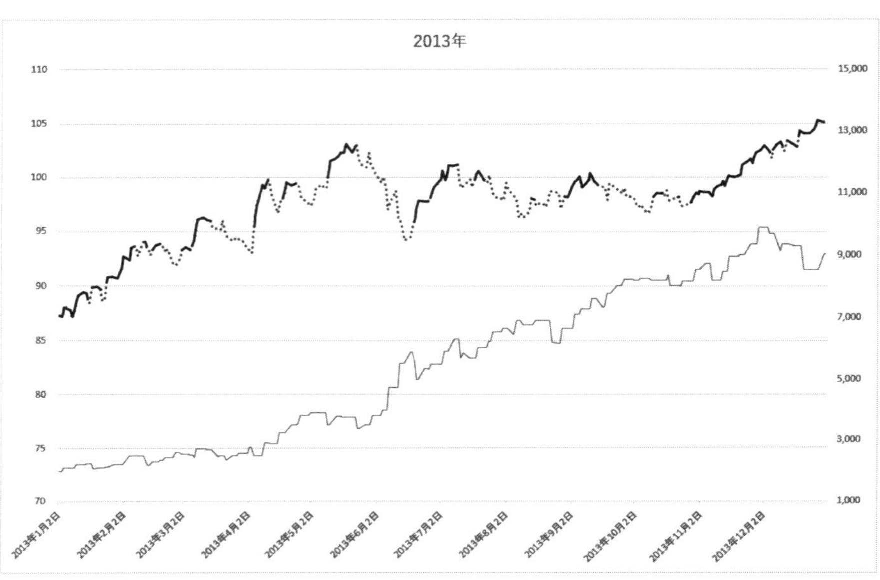
2013年
110
105
100
95
90
85
80
75
70
15,000
13,000
11,000
9,000
7,000
5,000
3,000
1,000
2013年1月2日
2013年2月2日
2013年3月2日
2013年4月2日
2013年5月2日
2013年6月2日
2013年7月2日
2013年8月2日
2013年9月2日
2013年10月2日
2013年11月2日
2013年12月2日

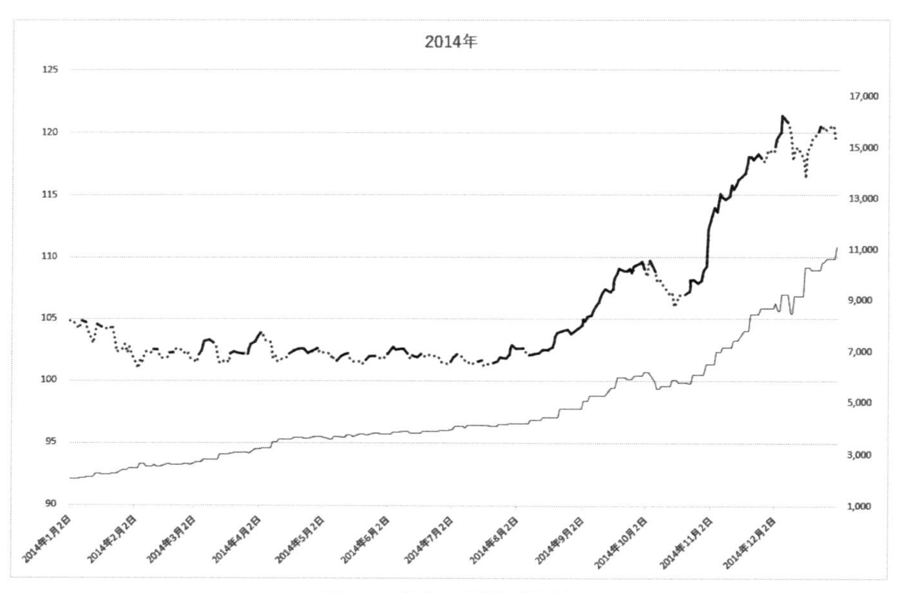
2014年
125
120
115
110
105
100
95
90
17,000
15,000
13,000
11,000
9,000
7,000
5,000
3,000
1,000
2014年1月2日
2014年2月2日
2014年3月2日
2014年4月2日
2014年5月2日
2014年6月2日
2014年7月2日
2014年8月2日
2014年9月2日
2014年10月2日
2014年11月2日
2014年12月2日

図 4.4　各年の予測（続き）

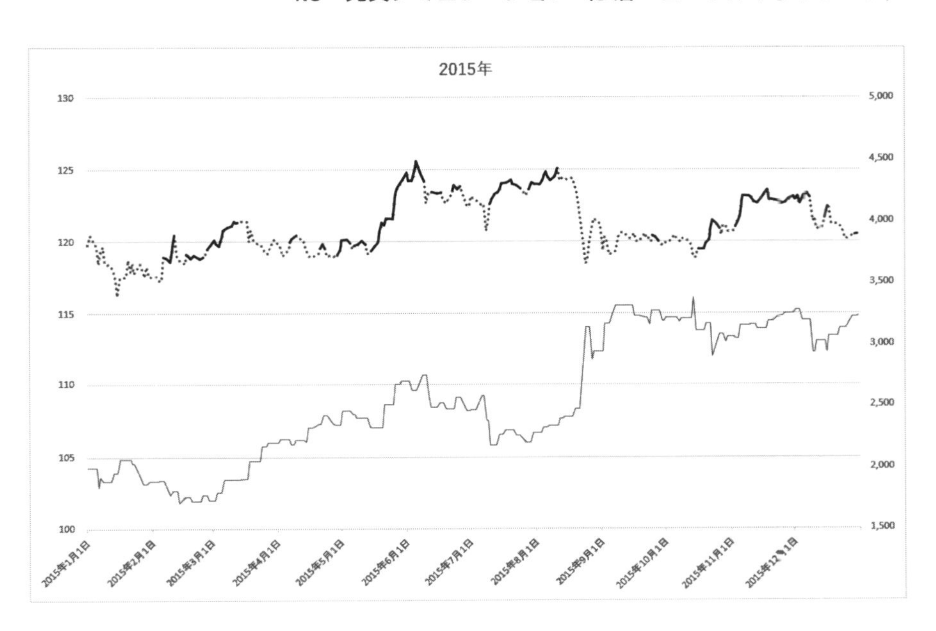
2015年
130
125
120
115
110
105
100
5,000
4,500
4,000
3,500
3,000
2,500
2,000
1,500
2015年1月1日
2015年2月1日
2015年3月1日
2015年4月1日
2015年5月1日
2015年6月1日
2015年7月1日
2015年8月1日
2015年9月1日
2015年10月1日
2015年11月1日
2015年12月1日

2016年
125
120
115
110
105
100
95
90
85
80
11,000
9,000
7,000
5,000
3,000
1,000
2016年1月1日
2016年2月1日
2016年3月1日
2016年4月1日
2016年5月1日
2016年6月1日
2016年7月1日
2016年8月1日
2016年9月1日
2016年10月1日
2016年11月1日
2016年12月1日

図 4.4　各年の予測（続き）

図 4.4　各年の予測（続き）

図 4.4 を見ると，日経平均とほぼ同じような感じである．

4.3.2　売買シミュレーション

売買シミュレーションのパラメータは以下の通りである．

利食い開始値：0.05 円（=5 銭）
損切り値：　2 円
α%：　90%
スプレッド：　0.5 銭
スワップ：　なし
手数料：　なし
発注上限：　なし
建玉上限：　なし

表 4.1 に売買シミュレーションの結果を示す．

表 4.1　売買シミュレーション結果

売買対象	勝	負	資金〔万円〕	倍率〔17年〕	平均倍率〔1年〕
円ドル	1576	96	15,600,700,000	7,800,350	2.54
日経平均	1404	208	15,460,994,490	7,730,497	2.54

17年で資金が約156兆円と，とんでもない数字になった．これは第3章でも述べたが，税金と発注上限等の制約で激しく小さくなるので，安心してもらいたい．円ドルの場合には，さらにすべる（スリッページが大きい）ので，これでも，資金は少なくなるであろう．

参考までに，日経平均の結果（表3.4）も載せている．円ドルの資金が日経平均の資金とほとんど同じ結果になった．とくに，平均倍率〔1年〕は小数点以下2桁まで同じである．なお，平均倍率は相乗平均である．別のいい方をすれば，予測天井度と新売買方法は，対象を変えてもほぼ同じ成績が出るということなのかもしれない．

17年通しての売買シミュレーションは，発注上限等の制約を考慮していないので非現実的である．そこで，**表4.2**に各年の売買シミュレーションの結果を示す．参考までに日経平均の結果（表3.5）もいちばん下に載せている．倍率の平均（相加平均）を見ると，円ドルの方が日経平均より少しよさそうである．各年の資金推移は，図4.4を見てもらいたい．2004年6月，2008年10月と11月，2009年6月，2010年8月と9月で，資金が大きく減っているのが，少し気になる．

表 4.2　各年の売買シミュレーション結果

年	勝	負	資金〔万円〕	倍率	利食い値平均〔円〕	両建て日数
2001	95	2	20,762	10.4	0.66	46
2002	92	7	7,158	3.58	0.55	43
2003	92	3	4,787	2.39	0.31	63
2004	93	7	3,811	1.91	0.38	61
2005	87	2	6,241	3.12	0.35	64
2006	91	3	6,650	3.32	0.39	49
2007	91	9	3,881	1.94	0.41	73
2008	94	11	5,395	2.70	0.53	56
2009	95	9	10,209	5.10	0.54	56
2010	98	7	3,678	1.84	0.29	77
2011	80	4	4,996	2.50	0.32	66
2012	96	1	6,762	3.38	0.23	67
2013	88	8	9,034	4.52	0.54	65
2014	95	1	11,123	5.56	0.43	52
2015	96	7	3,228	1.61	0.29	66
2016	92	8	7,449	3.72	0.54	51
2017	92	5	5,043	2.52	0.36	66
合計	1567	94	120,207			
平均	92.2	5.53	7,071	3.54	0.42	60
日経平均（表 3.5）	82.2	14.7	5,386	2.69	144	96

4.3.3　学習期間と予測期間を変えた売買シミュレーション

次に，学習期間と予測期間を以下のように変えてみよう．いちばん最近の 10 年で学習し，いちばん昔の 17 年で予測する．予測というより検証といった感じである．

学習期間：2008 年～ 2017 年（10 年）
予測期間：1991 年～ 2007 年（17 年）

学習結果は以下の通りである．4.3.2 項の学習結果とほぼ同じ結果である．4.3.2 項は学習回数 3000 回であるが，今回は 1000 回である．1000 回が予測誤差がいちばん小さかったからである．

学習回数：1000

学習誤差：0.414

予測誤差：0.433

売買シミュレーションのパラメータは以下の通り（4.3.2 項と同じ）である．

利食い開始値：0.05 円（＝5 銭）

損切り値：　2 円

α%：　90 %

表 4.3 に売買シミュレーションの結果を示す．

表 4.3　売買シミュレーション結果

期間	勝	負	資金〔万円〕	倍率〔17 年〕	平均倍率〔1 年〕
1991 ～ 2007	1512	140	8,299,310,000	4,149,650	2.45
2001 ～ 2017	1576	96	15,600,700,000	7,800,350	2.54

2001 年～ 2017 年の売買シミュレーション結果（表 4.1）も載せた．平均倍率は相乗平均である．上の二つを比較すると，今回（1991 年～ 2007 年）の方が少し悪くなっている．次に，各年の売買シミュレーション結果を**表 4.4** に示す．

表 4.4　各年の売買シミュレーション結果

年	勝	負	資金〔万円〕	倍率	利食い値平均〔円〕	両建て日数
1991	80	16	2,946	1.47	0.57	60
1992	89	8	5,965	2.98	0.55	59
1993	88	7	5,036	2.52	0.44	41
1994	87	3	8,854	4.43	0.44	44
1995	88	6	8,169	4.08	0.48	55
1996	94	7	2,787	1.39	0.23	61
1997	90	9	5,092	2.55	0.47	49
1998	84	23	6,479	3.24	1.02	49
1999	84	18	2,776	1.39	0.57	36
2000	90	5	5,988	2.99	0.39	43
2001	87	5	12,369	6.18	0.66	31
2002	92	4	11,105	5.55	0.58	38
2003	84	5	4,282	2.14	0.34	58
2004	92	6	4,006	2.00	0.34	61
2005	89	3	5,205	2.60	0.32	60
2006	92	3	5,336	2.67	0.34	57
2007	92	7	3,518	1.76	0.33	63
合計	1502	135	99,913			
平均	88.5	7.94	5,877	2.94	0.47	51
平均（表 4.2）	92.2	5.53	7,071	3.54	0.42	60

2001 年～ 2017 年の結果（表 4.2）もいちばん下に載せている．倍率の平均は相加平均である．成績は，学習期間によって変わることはあまりない，といえよう．日経平均の場合には，1998 年と 2001 年の倍率が 1 より小さくて損をしていた（表 3.7 参照）が，円ドルの場合には，そのようなことはなく，全ての年で倍率が 1 を超え，利益を出している．日経平均より円ドルの方が，利益を出しやすいのであろう．株や為替の専門家数名と話をしたことがあるが，皆が「円ドルの方が日経平均より予測しやすい」と言っていた．上の結果も，彼らの発言を裏付ける結果となったといえよう．

4.4　売買シミュレーション（ディープラーニング）

4.4.1　学習について

今までは，3 層ニューラルネットワークによる売買シミュレーションを行ってきた．以下では，深層ニューラルネットワーク（ディープラーニング）による売買シミュレーションを行う．ニューラルネットワークの構成を，**図 4.5** と**図 4.6** に示す．図 4.5 は，中間層が 2 層の場合であり，図 4.6 は中間層が 3 層の場合である．各中間層の素子数は 60 にする．

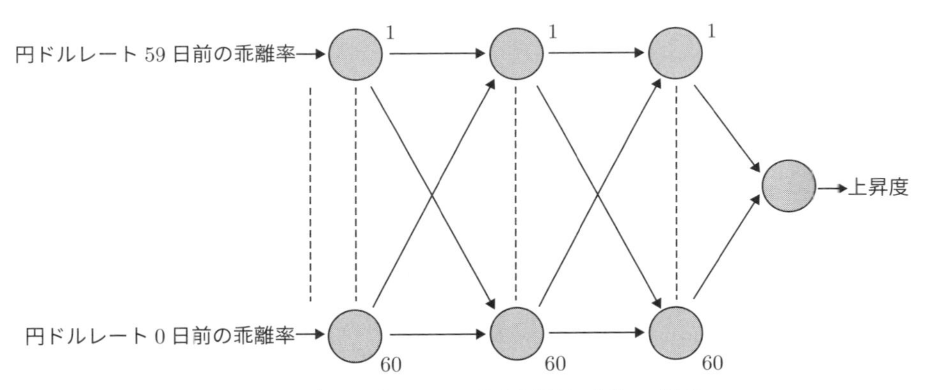

図 4.5　ディープラーニング（中間層 2 層）の構成

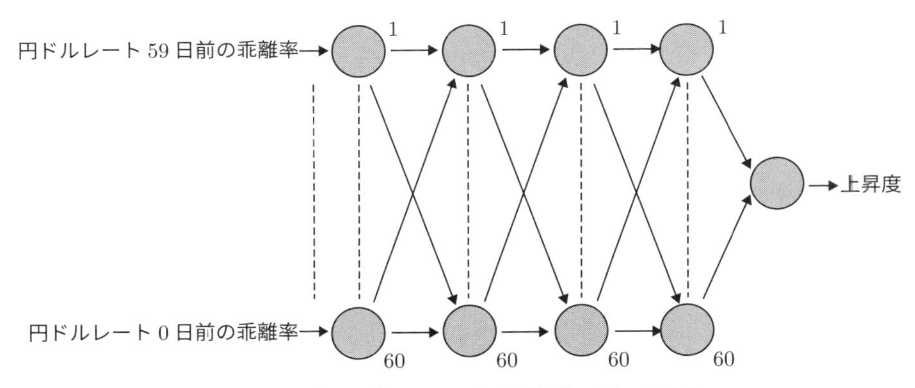

図 4.6　ディープラーニング（中間層 3 層）の構成

学習期間と予測期間は，3 層ニューラルネットワークと同じで，以下の通りである．

学習期間：1991 年～ 2000 年（10 年）
予測期間：2001 年～ 2017 年（17 年）

いくつか条件を変えてやってみたが，そのうちの 4 個の結果を**表 4.5** に示す．

1. 中間層 2＋ 事前学習 2000 回 ＋ 誤差逆伝搬法学習 2000 回
2. 中間層 2＋ 事前学習 3000 回 ＋ 誤差逆伝搬法学習 3000 回
3. 中間層 3＋ 事前学習 2000 回 ＋ 誤差逆伝搬法学習 2000 回
4. 中間層 3＋ 事前学習 3000 回 ＋ 誤差逆伝搬法学習 3000 回

なお，誤差は 500 回ごとに示す．

表 4.5-1　1. の学習結果

学習回数	学習誤差	予測誤差
500	0.429	0.466
1000	0.398	0.442
1500	0.380	0.438
2000	0.368	0.440

表 4.5-2　2. の学習結果

学習回数	学習誤差	予測誤差
500	0.427	0.462
1000	0.395	0.439
1500	0.378	0.437
2000	0.367	0.440
2500	0.355	0.444
3000	0.343	0.450

表 4.5-3　3. の学習結果

学習回数	学習誤差	予測誤差
500	0.440	0.477
1000	0.411	0.451
1500	0.387	0.439
2000	0.374	0.449

表 4.5-4　4. の学習結果

学習回数	学習誤差	予測誤差
500	0.441	0.479
1000	0.408	0.449
1500	0.386	0.436
2000	0.374	0.440
2500	0.361	0.451
3000	0.346	0.467

上の 4 個の場合, いずれでも, 学習回数が 1500 回で予測誤差がいちばん小さい. 誤差が最も小さいのは, 4. の「中間層 3＋ 事前学習 3000 回 ＋ 誤差逆伝搬法学習 3000 回」の学習回数 1500 回の予測誤差 0.436 である. 各年のこの予測を**図 4.7** に示す. なお, 売買シミュレーションの結果の資金の推移も併せて載せてあるが, これについては, 後で説明する.

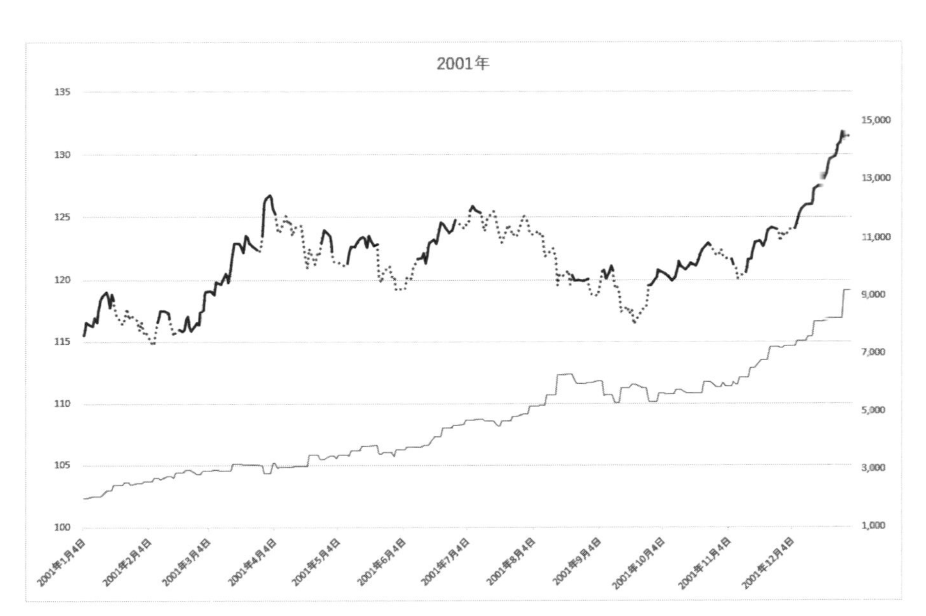

図 4.7　各年の予測

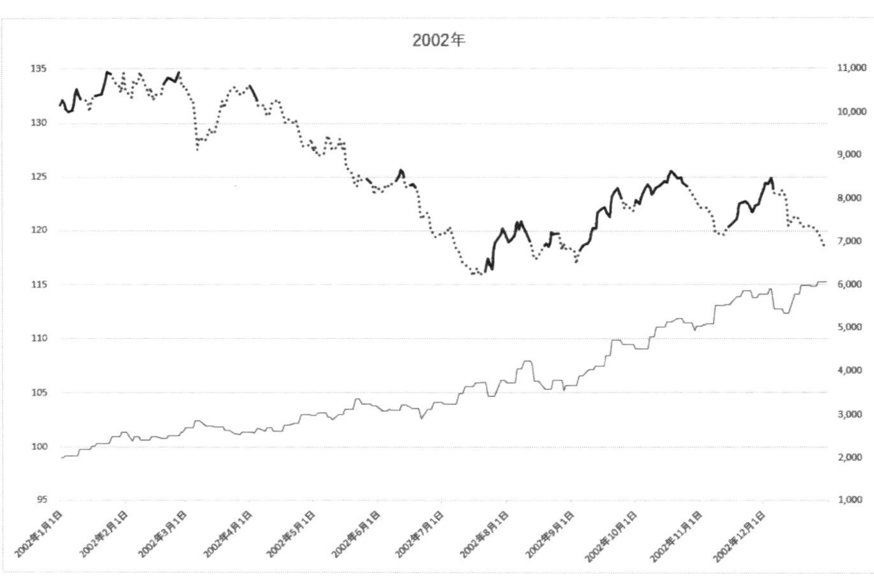
2002年
135
130
125
120
115
110
105
100
95
11,000
10,000
9,000
8,000
7,000
6,000
5,000
4,000
3,000
2,000
1,000
2002年1月1日
2002年2月1日
2002年3月1日
2002年4月1日
2002年5月1日
2002年6月1日
2002年7月1日
2002年8月1日
2002年9月1日
2002年10月1日
2002年11月1日
2002年12月1日

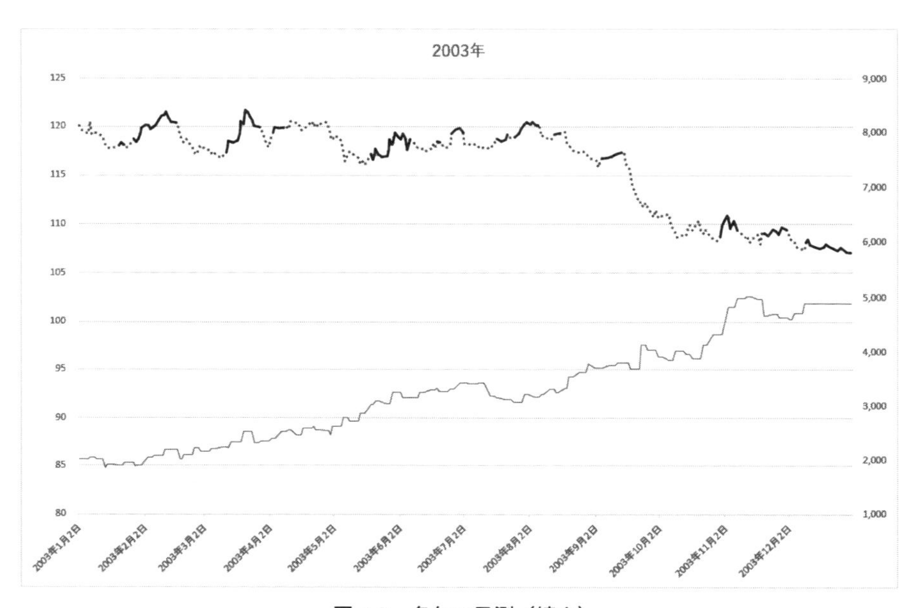
2003年
125
120
115
110
105
100
95
90
85
80
9,000
8,000
7,000
6,000
5,000
4,000
3,000
2,000
1,000
2003年1月2日
2003年2月2日
2003年3月2日
2003年4月2日
2003年5月2日
2003年6月2日
2003年7月2日
2003年8月2日
2003年9月2日
2003年10月2日
2003年11月2日
2003年12月2日

図 4.7　各年の予測（続き）

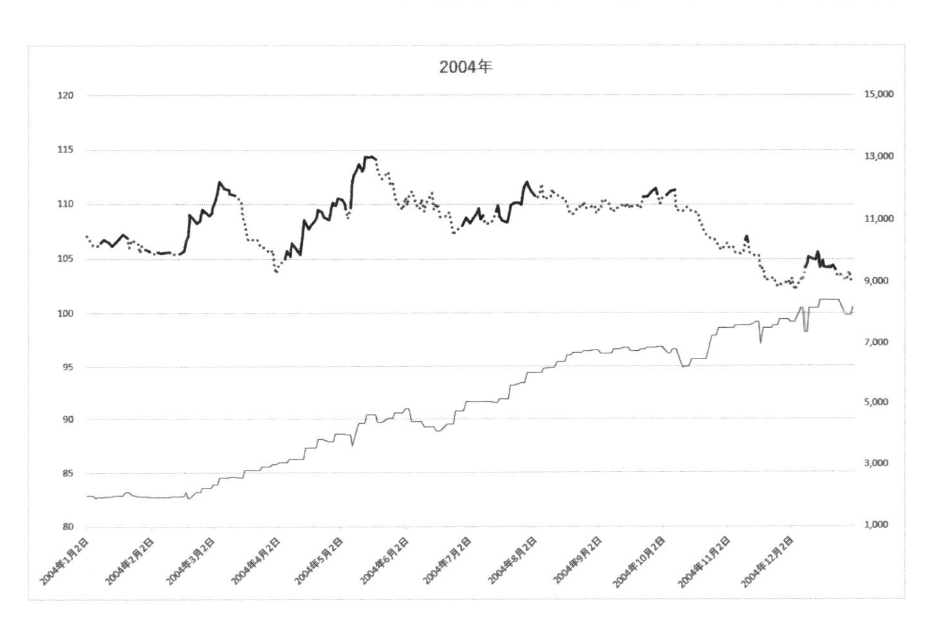
2004年
120
115
110
105
100
95
90
85
80
15,000
13,000
11,000
9,000
7,000
5,000
3,000
1,000
2004年1月2日
2004年2月2日
2004年3月2日
2004年4月2日
2004年5月2日
2004年6月2日
2004年7月2日
2004年8月2日
2004年9月2日
2004年10月2日
2004年11月2日
2004年12月2日

2005年
125
120
115
110
105
100
95
90
11,000
9,000
7,000
5,000
3,000
1,000
2005年1月3日
2005年2月3日
2005年3月3日
2005年4月3日
2005年5月3日
2005年6月3日
2005年7月3日
2005年8月3日
2005年9月3日
2005年10月3日
2005年11月3日
2005年12月3日

図 4.7　各年の予測（続き）

2006年
120
118
116
114
112
110
108
106
104
102
100
8,000
7,000
6,000
5,000
4,000
3,000
2,000
1,000
2006年1月2日
2006年2月2日
2006年3月2日
2006年4月2日
2006年5月2日
2006年6月2日
2006年7月2日
2006年8月2日
2006年9月2日
2006年10月2日
2006年11月2日
2006年12月2日

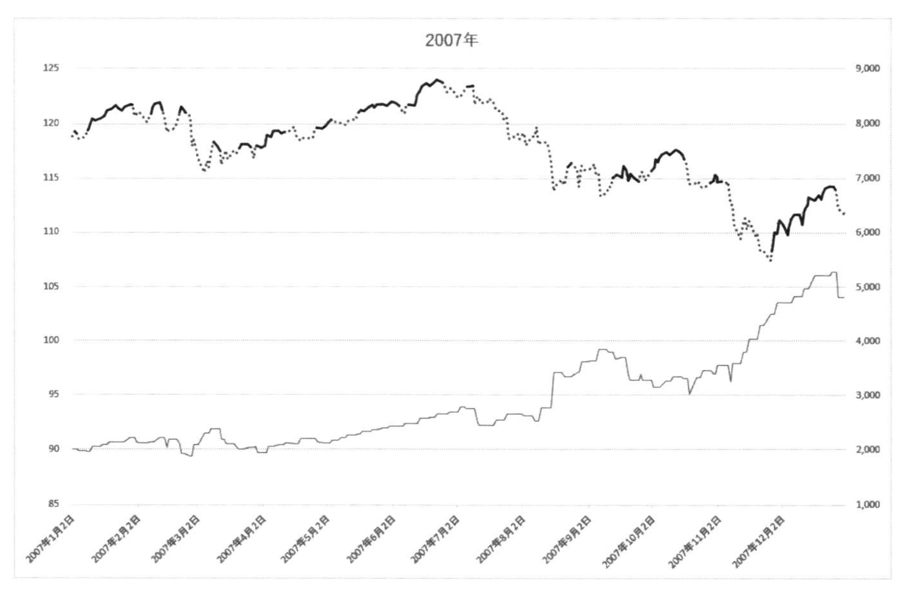
2007年
125
120
115
110
105
100
95
90
85
9,000
8,000
7,000
6,000
5,000
4,000
3,000
2,000
1,000
2007年1月2日
2007年2月2日
2007年3月2日
2007年4月2日
2007年5月2日
2007年6月2日
2007年7月2日
2007年8月2日
2007年9月2日
2007年10月2日
2007年11月2日
2007年12月2日

図 4.7　各年の予測（続き）

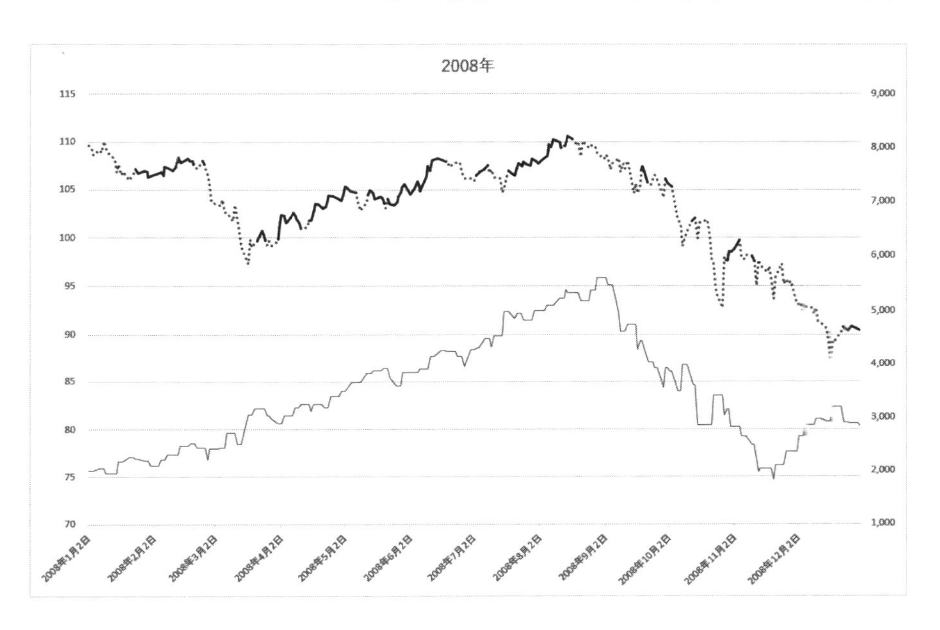
2008年
115
110
105
100
95
90
85
80
75
70
9,000
8,000
7,000
6,000
5,000
4,000
3,000
2,000
1,000
2008年1月2日
2008年2月2日
2008年3月2日
2008年4月2日
2008年5月2日
2008年6月2日
2008年7月2日
2008年8月2日
2008年9月2日
2008年10月2日
2008年11月2日
2008年12月2日

2009年
105
100
95
90
85
80
75
70
13,000
11,000
9,000
7,000
5,000
3,000
1,000
2009年1月2日
2009年2月2日
2009年3月2日
2009年4月2日
2009年5月2日
2009年6月2日
2009年7月2日
2009年8月2日
2009年9月2日
2009年10月2日
2009年11月2日
2009年12月2日

図 4.7　各年の予測（続き）

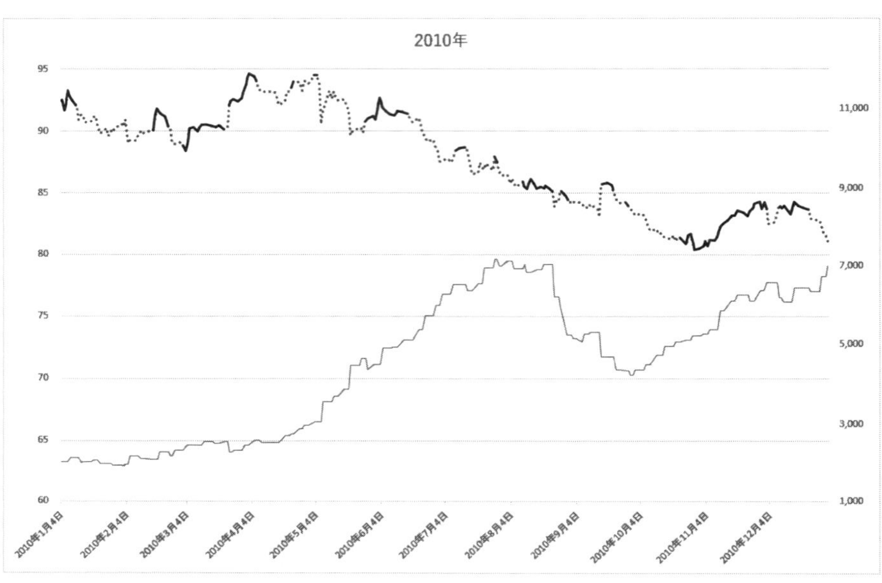
2010年
95
90
85
80
75
70
65
60
11,000
9,000
7,000
5,000
3,000
1,000
2010年1月4日
2010年2月4日
2010年3月4日
2010年4月4日
2010年5月4日
2010年6月4日
2010年7月4日
2010年8月4日
2010年9月4日
2010年10月4日
2010年11月4日
2010年12月4日

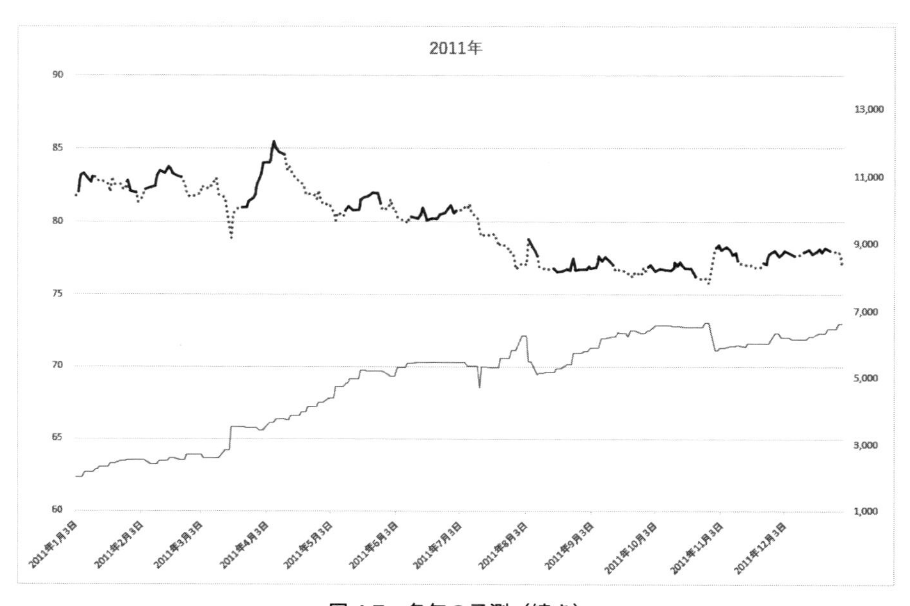
2011年
90
85
80
75
70
65
60
13,000
11,000
9,000
7,000
5,000
3,000
1,000
2011年1月3日
2011年2月3日
2011年3月3日
2011年4月3日
2011年5月3日
2011年6月3日
2011年7月3日
2011年8月3日
2011年9月3日
2011年10月3日
2011年11月3日
2011年12月3日

図 4.7　各年の予測（続き）

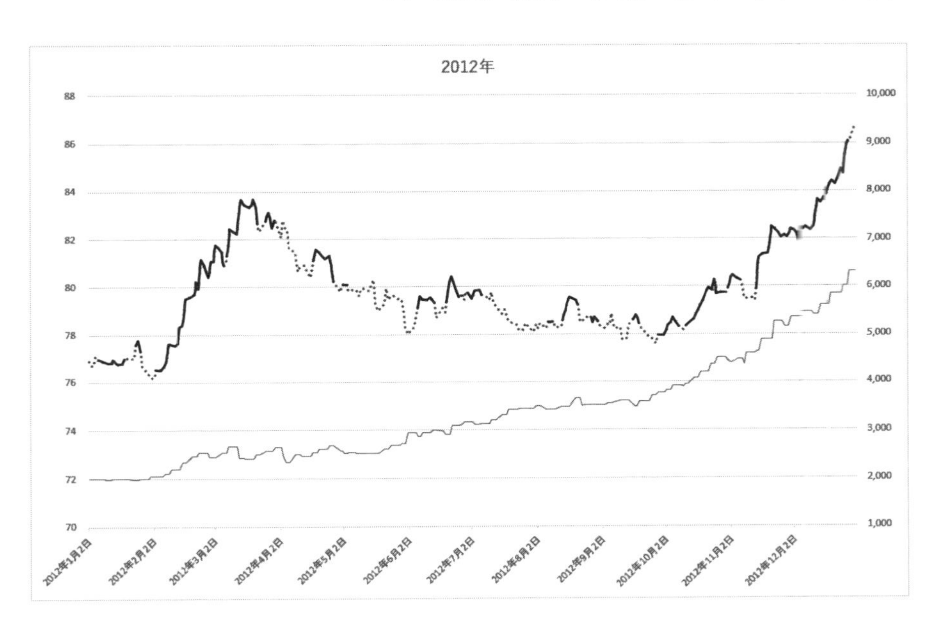
2012年
88
86
84
82
80
78
76
74
72
70
10,000
9,000
8,000
7,000
6,000
5,000
4,000
3,000
2,000
1,000
2012年1月2日
2012年2月2日
2012年3月2日
2012年4月2日
2012年5月2日
2012年6月2日
2012年7月2日
2012年8月2日
2012年9月2日
2012年10月2日
2012年11月2日
2012年12月2日

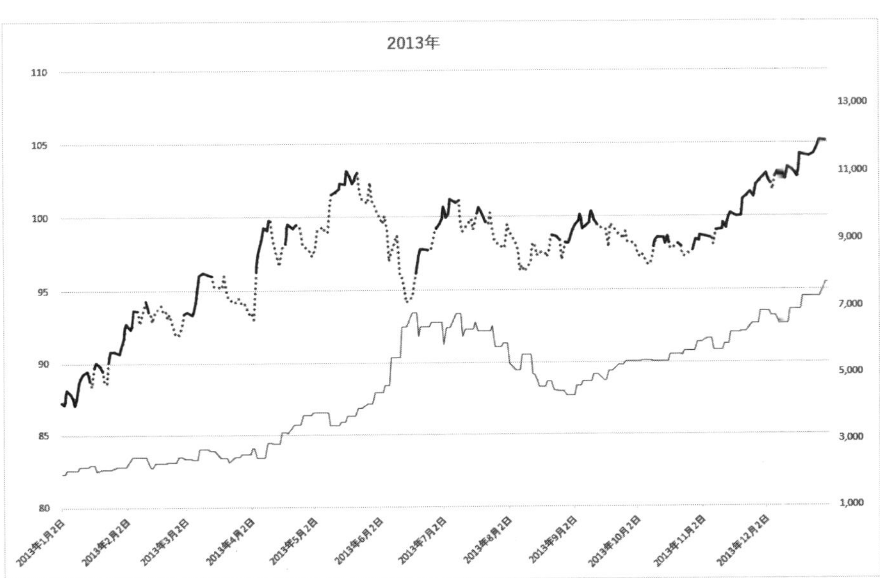
2013年
110
105
100
95
90
85
80
13,000
11,000
9,000
7,000
5,000
3,000
1,000
2013年1月2日
2013年2月2日
2013年3月2日
2013年4月2日
2013年5月2日
2013年6月2日
2013年7月2日
2013年8月2日
2013年9月2日
2013年10月2日
2013年11月2日
2013年12月2日

図 4.7　各年の予測（続き）

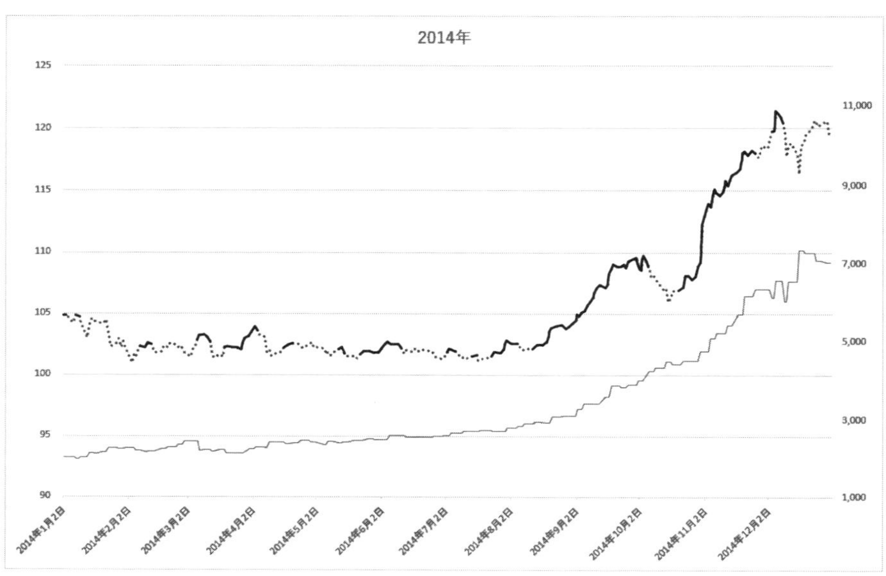
2014年
125
120
115
110
105
100
95
90
11,000
9,000
7,000
5,000
3,000
1,000
2014年1月2日
2014年2月2日
2014年3月2日
2014年4月2日
2014年5月2日
2014年6月2日
2014年7月2日
2014年8月2日
2014年9月2日
2014年10月2日
2014年11月2日
2014年12月2日

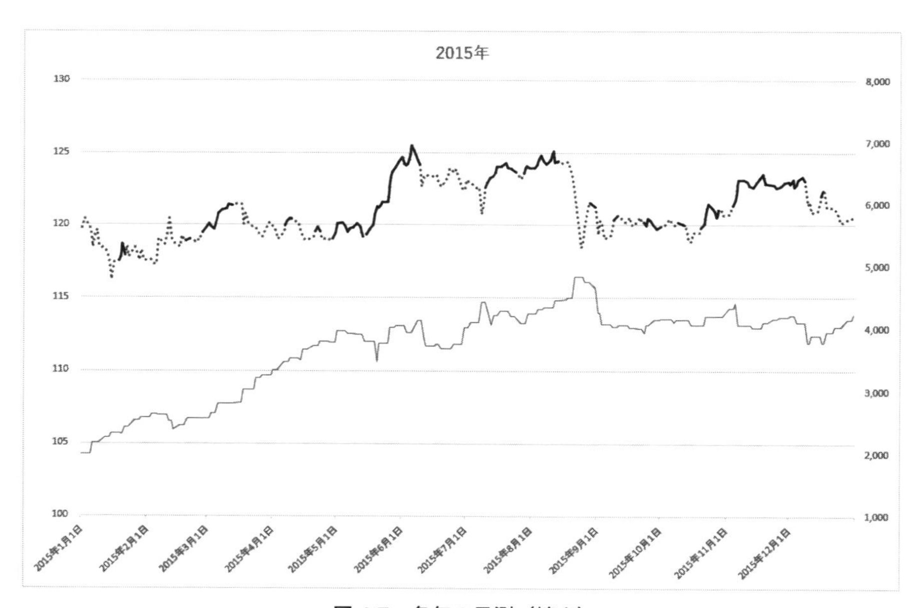
2015年
130
125
120
115
110
105
100
8,000
7,000
6,000
5,000
4,000
3,000
2,000
1,000
2015年1月1日
2015年2月1日
2015年3月1日
2015年4月1日
2015年5月1日
2015年6月1日
2015年7月1日
2015年8月1日
2015年9月1日
2015年10月1日
2015年11月1日
2015年12月1日

図 4.7　各年の予測（続き）

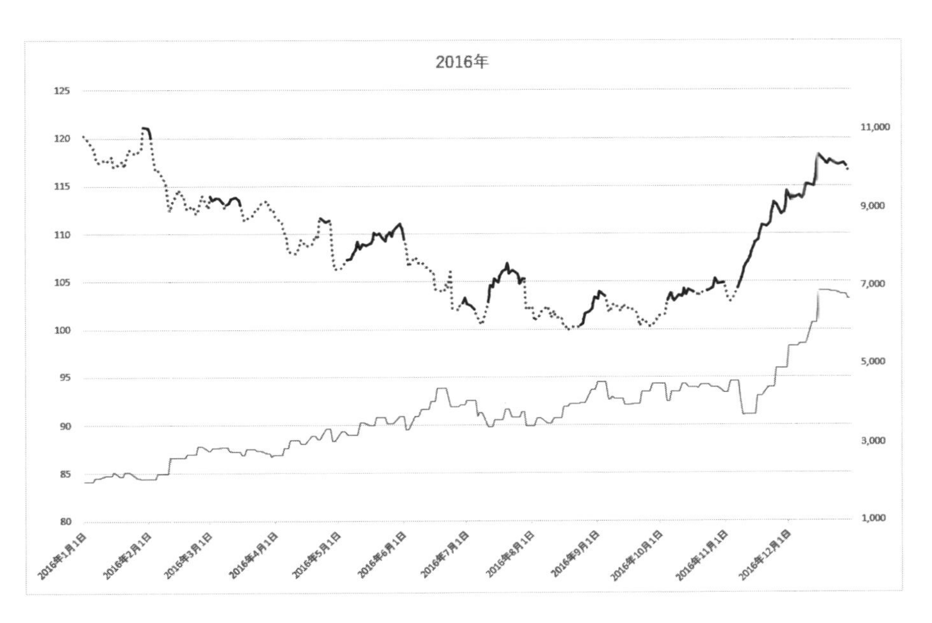
2016年
125
120
115
110
105
100
95
90
85
80
11,000
9,000
7,000
5,000
3,000
1,000
2016年1月1日
2016年2月1日
2016年3月1日
2016年4月1日
2016年5月1日
2016年6月1日
2016年7月1日
2016年8月1日
2016年9月1日
2016年10月1日
2016年11月1日
2016年12月1日

2017年
120
118
116
114
112
110
108
106
104
102
100
13,000
11,000
9,000
7,000
5,000
3,000
1,000
2017年1月2日
2017年2月2日
2017年3月2日
2017年4月2日
2017年5月2日
2017年6月2日
2017年7月2日
2017年8月2日
2017年9月2日
2017年10月2日
2017年11月2日
2017年12月2日

図 4.7　各年の予測（続き）

図 4.7 を見ると，3 層ニューラルネットワークとほぼ同じような感じである．以下では，この学習結果で売買シミュレーションを行う．

4.4.2　売買シミュレーション

売買シミュレーションのパラメータは，3 層ニューラルネットワークと同様で，以下の通りである．

利食い開始値：0.05 円（＝5 銭）
損切り値：　2 円
α%：　90 %

表 4.6 に売買シミュレーション結果を示す．

表 4.6　売買シミュレーション結果

方法	勝	負	資金〔万円〕	倍率〔17 年〕	平均倍率〔1 年〕
深層	1494	102	3,020,990,000	1,510,495	2.31
3 層	1576	96	15,600,700,000	7,800,350	2.54

平均倍率〔1 年〕は相乗平均である．深層ニューラルネットワークの資金と倍率〔17 年〕は，3 層ニューラルネットワークの約 5 分の 1 であるが，平均倍率〔1 年〕は，それほど変わらない．次に，各年の売買シミュレーションを見てみよう（**表 4.7**）．

表 4.7　各年の売買シミュレーション結果

年	勝	負	資金〔万円〕	倍率	利食い値平均〔円〕	両建て日数
2001	91	5	9,193	4.60	0.56	44
2002	89	5	6,067	3.03	0.49	42
2003	86	5	4,894	2.45	0.38	61
2004	83	7	8,187	4.09	0.61	49
2005	83	3	7,305	3.65	0.43	60
2006	87	3	4,793	2.40	0.33	48
2007	86	8	4,807	2.40	0.45	51
2008	88	14	2,837	1.42	0.47	41
2009	90	10	7,807	3.90	0.55	48
2010	93	4	6,978	3.49	0.36	41
2011	79	4	6,634	3.32	0.37	46
2012	90	1	6,324	3.16	0.24	46
2013	88	9	7,714	3.86	0.55	52
2014	86	2	7,030	3.51	0.38	44
2015	91	6	4,227	2.11	0.35	52
2016	86	9	6,686	3.34	0.57	34
2017	84	4	8,198	4.10	0.49	33
合計	1480	99	109,681			
平均	87.1	5.82	6,452	3.23	0.46	47
平均（表 4.2）	92.2	5.53	7,071	3.54	0.42	60

3 層ニューラルネットワークの結果（表 4.2）も載せている．3 層の方が少しよい．各年の資金推移は，図 4.7 を見てもらいたい．2008 年 9 月と 10 月と 11 月，2010 年 8 月と 9 月，2013 年 7 月と 8 月で，資金が減っている．

4.5　まとめ

成績は, 3 層ニューラルネットワークより深層ニューラルネットワーク（ディープラーニング）の方が少し悪い. 第3章の株のところでも述べたが, この結果から, 深層ニューラルネットワークの方がよくないと決めつけることはできない.

深層ニューラルネットワークをもう少し時間をかけて調べれば, 3 層ニューラルネットワークよりよくなると思う. しかし, 3 層ニューラルネットワークで, それなりによい結果が得られているので, 深層ニューラルネットワークによる実験をさらに行う気があまりしない.

深層ニューラルネットワークに割く時間と労力があるならば, 別のことに割いた方がよいであろう. 例えば, ニューラルネットワークの入力と教師データの改良や売買方法の改良である.

パラメータの調整は, それほど綿密に行っていない. パラメータは, 少し変えてもそれほど大きな影響を成績に及ぼしていないからである.

売買シミュレーションでは, 発注上限の制約を考慮していないので, ここで簡単に見ておこう. 上述の各年の売買シミュレーションにおける最高倍率は表 4.2 の 2001 年の 10.4 倍である. そして, その 2001 年の最後の売買の発注は約 800 万ドルである. したがって, 発注上限がこれ以上の FX 会社なら実行可能である.

本書では, 日足に関する売買シミュレーションを紹介したが, 筆者は, 5 分足, 10 分足, 15 分足などの売買シミュレーションも行った. これらに関しても, 日足と同等の結果が得られている.「同等」といっても, 5 分足などの方が日足よりも細かいので, その分だけ売買回数も多くなる. 資金は複利計算的に増加するので, 売買回数が多くなれば, その分だけ資金も増加する.

今まで述べてきた予測・売買は実戦に耐えられるであろう. なお, 最も改良したいところは, 連敗をしない（= 途中で大きく損を出さない）ようにすることである. 分散売買を行えば, 連敗を減らすことができるかもしれない.

ところで, FX の場合で気になるのは, スリッページ（Slippage,「すべる」という意味）である. スリッページは, 注文時の表示金額と実際の約定金額との差のことである. 例えば, 表示金額が 110 円のときに買い注文を出すと約定金額が 111 円になるというように, 注文通りに約定しない現象である. 日経平均先物でも存在するのだが，FX の方が激しい．

日経平均先物の板情報は公開されているので，どのくらいすべるかは，注文を出すときにある程度把握できるが，FX の板情報は基本的に公開されていない．板情報を公開している FX 会社もあるが，その場合には，スプレッドに加えて，株と同じように，手数料を取る FX 会社もある．

さらに，FX 会社も，客の注文を受けてから，カバーしている銀行に注文を出すから，どのくらいすべるかを，FX 会社自体が把握できない，という状況もある．このように，FX の場合には透明性が低いので，スリッページが大きい．筆者が話した某 FX 会社の人も，「指標発表時や休み明けは，スリッページが大きくなる可能性が高いので売買を避けた方がよい」と言っていた．

また，FX の場合は，冒頭でも述べたように，レートを FX 会社が決める．スリッページが大きいということが知れ渡っている．これに乗じて，実際のスリッページは小さくても，客に対してはスリッページが大きかったということにして，利益を出すという悪質な FX 会社もあるらしい．本章の冒頭で述べたように，個人投資家の損は FX 会社の利益なのである．

このような状況を踏まえて，透明性や信用性を高めるために，FX の取引所（くりっく 365）もできたが，筆者が調べた限りでは，それほど魅力的な取引条件（スプレッドなど）ではないようである．しかし，先ほどの FX 会社の人によると，取引所（くりっく 365）の取引は増えているとのことであった．

スリッページのことを少々長く紹介したが，それは，スリッページが売買シミュレーションに影響を与えるからである．本書の売買シミュレーションではスリッページを考慮していない，というか，考慮できない．多くの FX 会社では，デモ口座で実時間の売買シミュレーションができるが，その売買シミュレーションでも，スリッページは反映されていない．

したがって，実際の売買の成績は，本書の売買シミュレーションの成績より悪くなるだろう．悪くなる度合いを小さくするには，指標発表時や休み明けの売買を避けるなどの処置が必要である．

上記のような問題があるにせよ，第 3 章と第 4 章の結果から，円ドルの方が日経平均より予測しやすいし利益が出るであろう，と思われる．

第5章 データマイニングと機械学習の詳細

データマイニング技術の概要は第１章と第２章で学んだ．本章ではもう少し技術的な部分について説明する．できる限り数式を使わずに説明しているので，厳密な理論についてはほかの書籍などを参照していただきたい．

5.1 学習方法とデータのタイプ

学習は，「教師あり学習」と「教師なし学習」に分けることができる．教師あり学習とは，元のデータに対して，教師データという別のデータを付加して学習する方法である．教師データを使わないなら，教師なし学習である．教師データは元データを外部からみて判断した結果と考えられるので，外的基準ということもある．**表 5.1** は教師データがない場合の例であり，天気，温度，湿度など気象に関するデータである．行方向が 1 件の事例を示している．

表 5.1 教師データがない場合の例

天気	温度〔°C〕	湿度〔%〕
雨	25.1	64.7
曇	23.2	59.3
晴	26.2	55.8

他方，**表 5.2** は教師データを付加した例である．右端のイベント開催という列が教師データであり，Yes または No のいずれかの値をとるものとなっている．その行の天気の条件のときに，あるイベントが開催されたのであれば Yes，そうでなければ No が記録されている．開催したか，しないかという外部からの判断

基準となっていることがわかるだろう．

表 5.2　教師データを付加した場合

天気	温度〔℃〕	湿度〔%〕	イベント開催
雨	25.1	64.7	No
曇	23.2	59.3	Yes
晴	26.2	55.8	Yes

第2章の回帰分析で使ったように，教師データを被説明変数（あるいは目的変数），それ以外のデータを説明変数といういい方をすることもある．説明変数によって被説明変数を予測したり，説明したりすることが教師あり学習の目的となる．

データの一部を教師データ（被説明変数）と考えることもできる．**図 5.1** の表は，学生ごとに5科目の得点を記録したデータである．適当な科目，例えば数学の得点を教師データとみなすと「数学の得点をほかの科目の得点から予測する」という教師あり学習の対象とすることができ，重回帰分析などが適用できる．教師データが存在しないと考えれば，後に説明するクラスタリングなどの教師なし学習を行うこともできる．その結果，図 5.1 のようないくつかのクラスタに分けることができる（三つとは限らない）．

数学	国語	英語	理科	社会
90	25	30	90	40
65	90	87	52	95
		…		
76	71	87	92	55
41	85	97	42	88

(1) 数学を教師データとして，他科目で予測する（教師あり学習）
(2) 教師データなしとしてクラスタリングを行う（教師なし学習）

成績不良者クラスタ　　文系科目高得点クラスタ　　理系科目高得点クラスタ

図 5.1　教師あり/なし学習の両方の対象となる例

決定木学習（後に説明する）の分野では，教師データの部分をクラス属性といい，その値をクラスあるいはクラス値という．それ以外の部分を属性といいい，値を属性値という．このように，データマイニングの手法によって，用語が異なっていることがある．教師あり学習と教師なし学習をまとめたものが**表 5.3**となる．

表 5.3 教師あり学習と教師なし学習の代表的な手法

教師あり学習	教師なし学習
回帰分析	クラスタリング
3 層ニューラルネットワーク	相関ルール
決定木	主成分分析
判別分析	オートエンコーダの学習

データにはいくつかのタイプ（型）がある．典型的なものは連続数値（単に連続値という）と離散値というタイプである．離散値とは，いくつかの限られた値のみをとるということである．数値データであっても離散値のことがある．表 5.1 や表 5.2 の場合には，温度や湿度は連続値データの例であり，天気は離散値の例となっている．

機械学習の手法により，データのタイプが連続値か離散値かが決まっている．例えば，回帰分析は全てのデータが連続値の場合を扱う．決定木学習は原理的には，全てのデータが離散値の場合の手法である．ただし，クラス属性以外の部分については，連続値を自動的に離散化して処理する技術がよく使われており，連続値を扱うことができるように拡張されていることが多い．しかしクラス属性の連続値を扱う技術は開発されてはいるが，一般的とはいえない．

テキストデータとは，日本語や英語などの自然言語データのことである．自然言語の特徴や特性に応じた処理が必要になるので，データマイニングのなかでもとくにテキストマイニングと呼ばれている．ツイッターに代表される SNS（social network service）など，テキストが主体のデータも増えてきているので，重要な技術になってきている．

データマイニングの手法に応じて，適用可能なデータのタイプが決まっていることが多い．そこで，データマイニング過程の前処理の作業として，適切なタイプのデータに変換するなどの作業が必要となる．

5.2　回帰分析

第２章で回帰分析の基本的な考え方を説明したので，ここではその詳細について説明する．

5.2.1　単回帰分析と最小２乗法

第２章で概要を述べた単回帰分析では，被説明変数 y を一つの説明変数 x を使って線形回帰式（回帰直線）として説明する．（回帰）直線の式は傾きを a，切片を b として，

$$y = ax + b$$

と表すことができる．データが n 個ある場合，おのおののデータを，

$$\begin{aligned}
&\text{データ } 1 = (x_1,\ y_1) \\
&\text{データ } 2 = (x_2,\ y_2) \\
&\qquad\cdots\cdots \\
&\text{データ } n = (x_n,\ y_n)
\end{aligned}$$

とすると，直線と n 個のデータとの２乗誤差の総和 S は，

$$S = (\text{データ } 1 \text{ と直線の誤差})^2 + \cdots\cdots + (\text{データ } n \text{ と直線の誤差})^2$$

と求めることができる．データ１は $(x_1,\ y_1)$ なので，直線上で対応する点は**図 5.2** に示すように $(x_1,\ ax_1 + b)$ となる．したがって，データ１と直線との誤差 S_1 は，

$$S_1 = \text{データ } 1 \text{ と直線の誤差} = y_1 - (ax_1 + b)$$

と計算できる．S_2 や S_n も同様である．２乗誤差の総和 S は，

$$\begin{aligned}
S &= S_1^2 + S_2^2 + \cdots + S_n^2 \\
&= (y_1 - (ax_1 + b))^2 + (y_2 - (ax_2 + b))^2 + \cdots + (y_n - (ax_n + b))^2 \\
&= \sum_{i=1}^{n} (y_i - (ax_i + b))^2
\end{aligned}$$

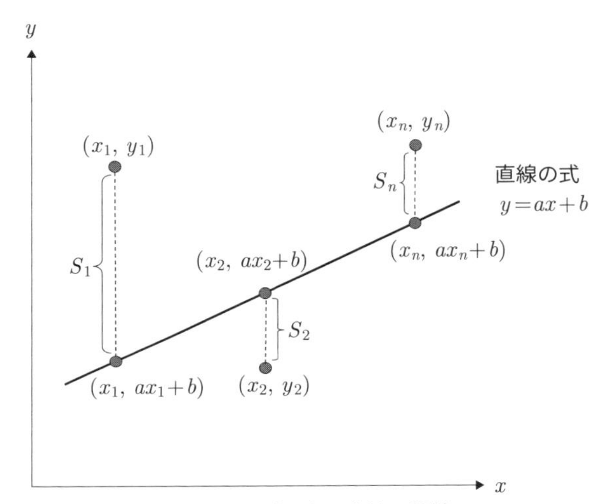

図 5.2　データと直線の誤差

となる．上記の式の最後で使った Σ は全部の和という意味である．

最もよい直線とは，データと最もよく合致するということである．最もよく合致するということを判定するために，2 乗誤差の総和 S が最小になるという基準を考えることができる．最小 2 乗法とは，S を最小にするという基準に従って，a と b の値を決める手法である．計算式は省略するが，このような a，b の値は唯一に求めることができる．最小 2 乗法で求めた直線が回帰直線である．

Excel などの表計算ソフトでも最小 2 乗法により回帰直線を求めることができる．実際に**表 5.4** のデータに対して回帰直線を求めると**図 5.3** のようになる．この直線は第 2 章で示したものと同じである．

表 5.4　日経平均のデータ（表 2.1 再掲）

日付	始値	高値	安値	終値
2017 年 10 月 2 日	20,400.51	20,411.33	20,363.28	20,400.78
2017 年 10 月 3 日	20,475.25	20,628.38	20,438.17	20,614.07
2017 年 10 月 4 日	20,660.81	20,689.08	20,592.18	20,626.66
2017 年 10 月 5 日	20,650.71	20,667.47	20,602.26	20,628.56
2017 年 10 月 6 日	20,716.85	20,721.15	20,659.15	20,690.71
2017 年 10 月 10 日	20,680.54	20,823.66	20,663.08	20,823.51
2017 年 10 月 11 日	20,803.71	20,898.41	20,788.12	20,881.27
2017 年 10 月 12 日	20,958.18	20,994.40	20,917.04	20,954.72
2017 年 10 月 13 日	20,959.66	21,211.29	20,933.00	21,155.18
2017 年 10 月 16 日	21,221.27	21,347.07	21,187.93	21,255.56

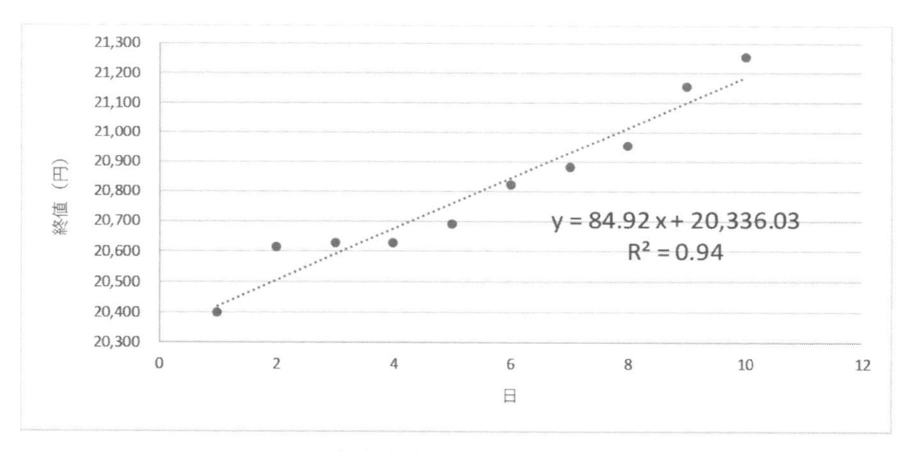

図 5.3　回帰直線（横軸は 10 月 2 日が 1 日目）

図 5.3 の回帰直線は Excel で求めたものであるが，Excel には回帰直線の式を出力する機能もある．図中の R^2 については，後に説明する．

$$y = 84.92x + 20336.03$$

この式の x に日を入れれば回帰式による予測値が得られる．例えば $x = 1$ のときには $y = 20{,}420.95$〔円〕となり，実際の値である 20,400.78 円と 20.17 円の誤差で近似できていることがわかる．回帰直線が得られることで，データにない 12 日目や 13 日目の値も計算で予測することができる．

5.2.2　重回帰分析と自己回帰分析

第2章で説明したように，説明変数が一つだけなら単回帰分析であるが，二つ以上の場合には重回帰分析となる．原理は全く同じである．説明変数が x_1 から x_m までの m 個であれば，回帰式は，

$$y = a_1 x_1 + a_2 x_2 + \cdots + a_m x_m + b \quad \cdots\cdots (5.1)$$

となる．n 個のデータを，

$$\begin{aligned}
&\text{データ } 1 = (x_{11}, x_{21}, \cdots, x_{m1}, y_1) \\
&\text{データ } 2 = (x_{12}, x_{22}, \cdots, x_{m2}, y_2) \\
&\quad\cdots\cdots \\
&\text{データ } n = (x_{1n}, x_{2n}, \cdots, x_{mn}, y_n)
\end{aligned}$$

とすれば，回帰式との2乗誤差の総和 S は，

$$\begin{aligned}
S &= (\text{データ1と回帰式の誤差})^2 + (\text{データ2と回帰式の誤差})^2 + \cdots \\
&\quad + (\text{データ}n\text{と回帰式の誤差})^2 \\
&= S_1^2 + S_2^2 + \cdots + S_n^2 \\
&= (y_1 - (a_1x_{11} + a_2x_{21} + \cdots + a_mx_{m1} + b))^2 \\
&\quad + (y_2 - (a_1x_{12} + a_2x_{22} + \cdots + a_mx_{m2} + b))^2 \\
&\quad + \cdots \\
&\quad + (y_n - (a_1x_{1n} + a_2x_{2n} + \cdots + a_mx_{mn} + b))^2 \\
&= \sum_{i=1}^{n} (y_i - (a_1x_{1i} + a_2x_{2i} + \cdots + a_mx_{mi} + b))^2
\end{aligned}$$

となる．説明変数が増えているので式は複雑になっているが，誤差を2乗して総和を求めていることは単回帰の場合と全く同じである．重回帰の場合の S を最小にする係数 a_1, a_2, $\cdots$, a_m および b の値についても，最小2乗法を使って求めることができる．これが重回帰分析である．

自己回帰分析は時系列データに対する重回帰分析の一種なので，説明変数が m 個のときの重回帰分析で，

被説明変数 $y =$ 今日の値
説明変数 $x_1 =$ 前日の値
説明変数 $x_2 =$ 前々日（2日前）の値
$\cdots\cdots$
説明変数 $x_m = m$ 日前の値

と考えればよい．このとき，何日前の値までを使えばよいのか，つまり，m の値をいくつにするかという問題がある．本章で後に説明するモデル選択の手法によって決めることができる．自己回帰分析には多くの拡張がある．例えば，第2章で説明した移動平均と組み合わせた自己回帰移動平均分析なども考案されている．

5.2.3　回帰分析の評価

表5.5 は同じく日経平均のデータである（2018年1月4日から18日まで）．このデータに対する回帰直線は**図5.4** のように，

$$y = 21.95x + 23631.42$$

表5.5　日経平均のデータ

日付	始値	高値	安値	終値
2018年1月4日	23,073.73	23,506.33	23,065.20	23,506.33
2018年1月5日	23,643.00	23,730.47	23,520.52	23,714.53
2018年1月9日	23,948.97	23,952.61	23,789.03	23,849.99
2018年1月10日	23,832.81	23,864.76	23,755.45	23,788.20
2018年1月11日	23,656.39	23,734.97	23,601.84	23,710.43
2018年1月12日	23,719.66	23,743.05	23,588.07	23,653.82
2018年1月15日	23,827.98	23,833.27	23,685.02	23,714.88
2018年1月16日	23,721.17	23,962.07	23,701.83	23,951.81
2018年1月17日	23,783.42	23,891.63	23,739.17	23,868.34
2018年1月18日	24,078.93	24,084.42	23,699.47	23,763.37

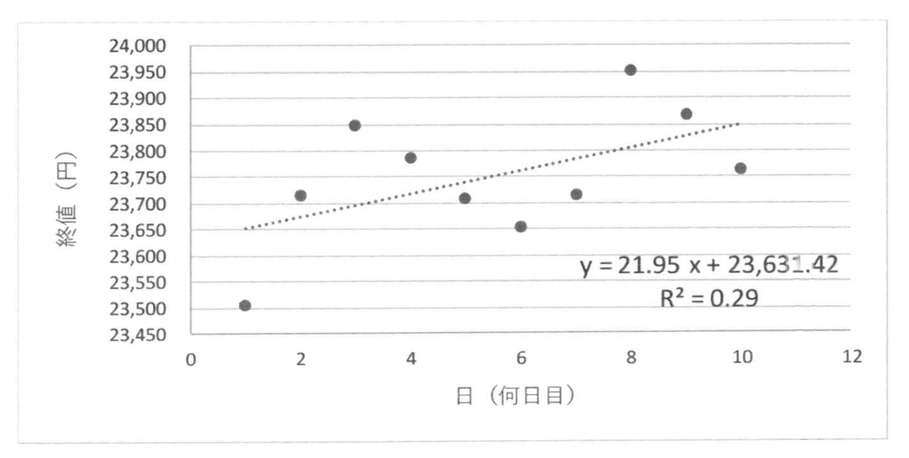

図 5.4　回帰直線（横軸は 1 月 4 日が 1 日目）

となる．この式で $x = 1$ とすれば $y = 23{,}653.37$〔円〕なので実データとの誤差は 147.04 円となる．図 5.3 と図 5.4 の回帰直線を比べてみると，図 5.4 の方が実データとの隔たりが大きく，回帰直線での近似の精度が落ちていることが直観的にわかるだろう．これを数値的に裏付けるものがグラフ中の回帰直線式の下に書かれている R^2 の値である．

先に説明したように，回帰式はデータとの 2 乗誤差の総和が最小になるように求めているが，その値を小さくできないこともある．図 5.4 が小さくできない場合の例となっている．2 乗誤差の総和が小さくならないときには，データによく当てはまる直線を引けないと考えてよい．これを数値的に評価したものが「決定係数」であり，R^2 と書く．R^2 は 0 から 1 までの値をとり，1 に近いほど回帰直線の当てはまりがよく，0 に近いほど当てはまらないことを意味している．図 5.3 では $R^2 = 0.94$ であり，図 5.4 では $R^2 = 0.29$ となっており，前者の方が 1 に近い値である．回帰分析で得られた結果の評価指標の一つとして使うことができる．決定係数の求め方は本書では省略するが，回帰直線と共に Excel などのソフトで簡単に求めることができる．また，R^2 の平方根（ルート）をとった値を「重相関係数」といい，回帰式による予測値と実際のデータとの関連の強さ（相関）を示している．

5.3　ニューラルネットワーク

本節では，脳の最も単純なモデルであるパーセプトロンの開発から，ニューラルネットワークの開発に至るまでの歴史的な流れを追いながら説明する．

5.3.1　パーセプトロン

第 2 章で説明した 3 層ニューラルネットワークや深層ニューラルネットワークは，人間の脳と類似した仕組みをコンピュータ上に構築して，脳の機能や脳での学習を模倣しようとする立場である．この立場の手法として最も初期に開発されたものが,「パーセプトロン」である．古い技術ではあるが, 3 層ニューラルネットワークも深層ニューラルネットワークもこの技術が出発点となっているので，基本的な考え方をここで説明する．

3 層ニューラルネットワークは入力層, 中間層, 出力層の 3 層から構成されるが，パーセプトロンはもっと単純に入力層と出力層の 2 層からできている（**図 5.5**）．なおこの図では，説明を簡単にするために出力層の素子を 1 個にしているが，素子数には制限はなく何個あっても構わない．

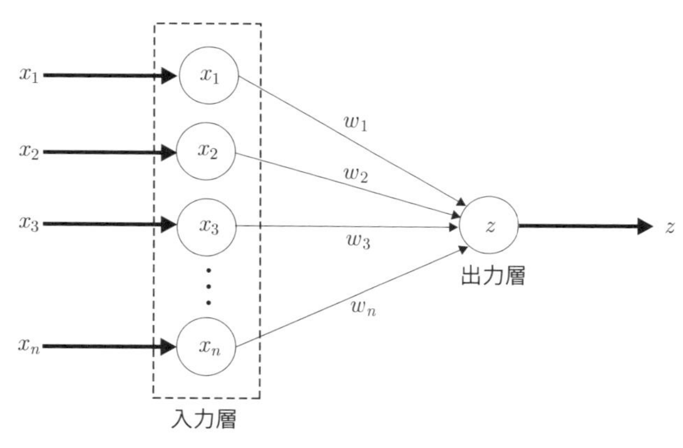

図 5.5　パーセプトロン（2 値分類）

図 5.5 において，入力層のユニット x_i と出力層のユニット z の結合には重み w_i が与えられている．入力値 x_i は重み w_i と乗じられて $(w_i x_i)$, z へと伝搬される．

このようにして，zには全ての入力層のユニットから値が入り，その総和を 2 値化した値が出力される.

$$z = S(w_1x_1 + w_2x_2 + \cdots + w_nx_n + b) \qquad \cdots\cdots (5.2)$$

ここで Sは，階段関数の活性化関数であり，次式により 1 または 0 のいずれかの値を出力する．式（5.2）の b は活性化のレベルを調整するための定数（バイアス）となっている．なお階段関数とは，ある点を境にして値が階段状に変わる関数である.

$$S(x) = 1, \text{ if } x \geq 0$$
$$S(x) = 0, \text{ if } x < 0$$

式(5.2)は重回帰分析の式(5.1)と同じ形をしていることがわかる．したがって，もし活性化関数 Sがなければ，パーセプトロンは線形重回帰分析と同じになる．活性化関数を使うと，Sが非線形なので，パーセプトロンは非線形重回帰分析の一種と考えられる.

パーセプトロンでは，入力と出力の 2 層構造に固定されているので，本質的に変えられる部分は w_1 から w_n までの重みとバイアスである．これらを教師あり学習の手法で調整する．なお，ある入力層の素子 x_i と zとの間に結合がない場合は $w_i = 0$ としたときと等価になるので，図 5.5 のように全ての入力層の素子から zに結合があるとして扱ってよい.

初期状態では，全ての重みとバイアスをランダムに設定する．そして，図 2.12 で示した通り，勾配を降下するようにして誤差を最小にする．式で説明すれば，パーセプトロンに与える教師データを z^* とし,パーセプトロンの出力を zとする．両者の誤差 E に対して各重みの修正量 Δw_i を，

$$\Delta w_i = \varepsilon \cdot d(E, x_i)$$

として求めて，重みを次式の値へと更新する.

$$w_i \leftarrow w_i + \Delta w_i$$

ここで，関数 d は誤差 E と入力値 x_i から修正量を決める関数である．数学的には微分と関連している．ε は重み修正量を決めるときの調整係数（学習係数）で

ある．この値を大きくとれば，1 回の修正量を大きくして学習の収束が速くなる可能性がある．しかし正しい値を飛び越えてしまい，収束が遅くなることもありえる．小さくとると逆に 1 回の修正量が小さくなり，収束が遅くなる可能性がある．なお，バイアスに対しても同様の処理を行う．

誤差関数は，教師データと現在の出力の誤差を計算するための関数である．典型的なものとして，2 乗誤差があり，両者の誤差の 2 乗の総和となる．数式で表すと，n 個の教師データが $z_1{}^*$, $\cdots$, $z_n{}^*$，現在の出力が z とすれば，両者の誤差 E は次式となる．

$$E = (z_1^* - z)^2 + \cdots + (z_n^* - z)^2 \qquad \cdots\cdots \ (5.3)$$

パーセプトロンは出力 z を活性化関数で 2 値化（非線形化）しているので，重みとバイアスを決めるために最小 2 乗法を用いることができない．そのために，上記のような手法を用いる．

パーセプトロンの出力に応じて，データが所属するグループを判定できるので，分類問題を解くことができる．とくに 2 値分類であれば，パーセプトロンの出力の 0 と 1 に応じて分類すればよい．

パーセプトロンでは，**図 5.6**（a）に示すように，線形分離可能な分類問題を解けることが示されている．いい方を変えれば，図中に引かれている直線を学習できるということである．この直線よりも上側か下側かによって，白丸と黒丸のデータを分類できる．

図 5.6（b）の場合を考えてみよう．直線を引くことによって，白丸と黒丸を分類することができるだろうか．答えはノーである．このような状況を「線形分離不可能」という．図 5.6（b）において，白丸は 1 を示し黒丸は 0 を示すとすれば，p と q が同じ値のときに 0 となり，それ以外は 1 となっている．これは論理関数の排他的論理和（exclusive or，XOR）を表現したものである．参考のため，**表 5.6** に NOT（否定），AND（論理積），OR（論理和），XOR の真理値表を示す．XOR の場合には，どんな直線によっても白丸と黒丸を分離することができないので，線形分離不可能な場合である．このような線形分離不可能な場合に対応する概念，すなわち XOR をパーセプトロンでは学習できないことが明らかにされた．

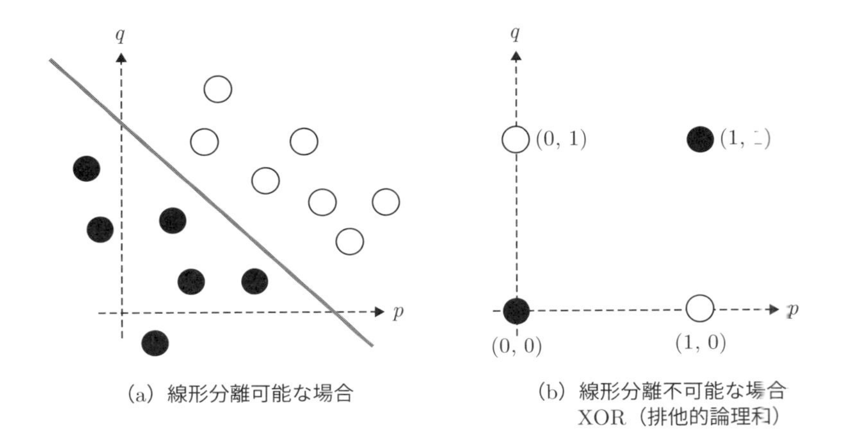

図 5.6 パーセプトロンで学習可能な概念と不可能な概念

表 5.6 基本的な真理値表

p	q	NOT p	p AND q	p OR q	p XOR q
1	1	0	1	1	0
1	0	0	0	1	1
0	1	1	0	1	1
0	0	1	0	0	0

1 は真，0 は偽を示す

論理関数は，人間の論理的な思考や概念を表現する最も基本的な手段と考えられている．人工知能（AI）での推論を実現する技術とも深い関係をもっている．XOR というきわめて単純な論理関数すら学習できないことが証明されたので，パーセプトロンの研究開発は長らく停滞することになった．パーセプトロンの限界克服が 3 層ニューラルネットワークとなり，さらに深層ニューラルネットワークやディープラーニングにつながっていくが，そのための技術開発には長い時間を要した．

5.3.2 ニューラルネットワークと誤差逆伝搬法による学習

パーセプトロンでは，線形分離不可能な問題を解くことができなかった．その例として XOR を取り上げた．p と q の XOR は両者が共に真となることはないのだから，論理積（$\wedge$），論理和（$\vee$）および否定（$\bar{\ }$）を使って以下のような等価な論理式に書き換えることができる．この書き換えが正しいことは真理値表を書けば容易に確認できる．

$$
\begin{aligned}
p \text{ XOR } q &= (p \wedge \overline{q}) \vee (\overline{p} \wedge q) \\
&= (p \vee q) \wedge (\overline{p} \vee \overline{q}) \\
&= (p \vee q) \wedge \overline{(p \wedge q)}
\end{aligned}
$$

上記の書き換え中で出てくる $\overline{(p \wedge q)}$ を否定論理積（NAND）と呼ぶ．NAND は線形分離可能なのでパーセプトロンで学習可能である．また OR や AND も同様に学習可能である．このことから，**図 5.7** に示すようにパーセプトロンを多段階に組み合わせることで，線形分離不可能な場合の分類も可能とすることができる．これを実現したものがニューラルネットワークに発展していく．

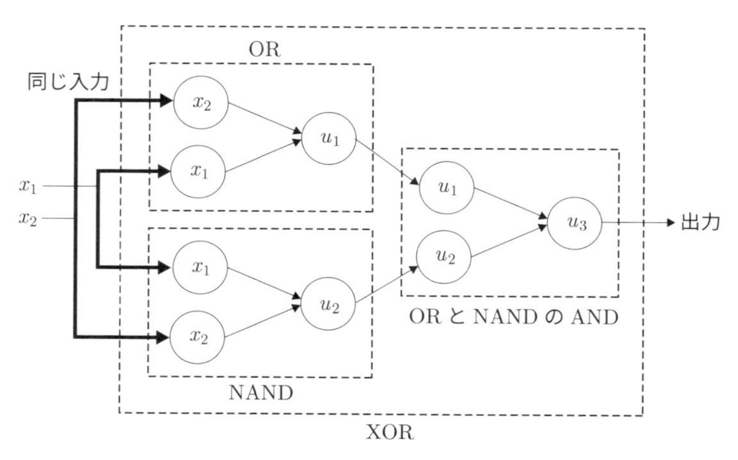

図 5.7　パーセプトロンを多段階に組み合わせる

ニューラルネットワークの構造はパーセプトロンを 3 層以上に拡張したものである．すでに第 2 章の図 2.6 で構造図を示しているが，入力層と出力層の間に中間層を設ける．中間層が一つのときは 3 層ニューラルネットワークであり，中間層が二つ以上であれば深層ニューラルネットワークとなる．

ニューラルネットワークの学習は，第 2 章で概要を説明した誤差逆伝搬法である．**図 5.8**（第 2 章の図 2.8 と同じ）に示すように，与えた教師データとニューラルネットワークの出力との誤差 E が小さくなるように重みとバイアスを修正する．これが 1 回目の作業である．2 回目以降は同じことの繰返しであり，重みとバイアスを修正したニューラルネットワークによる出力と教師データとの新たな誤差 E を求めて，それが小さくなるように再び重みとバイアスの修正を行う．このような作業を事前に定めておいた条件を満たすまで何回も繰り返す．

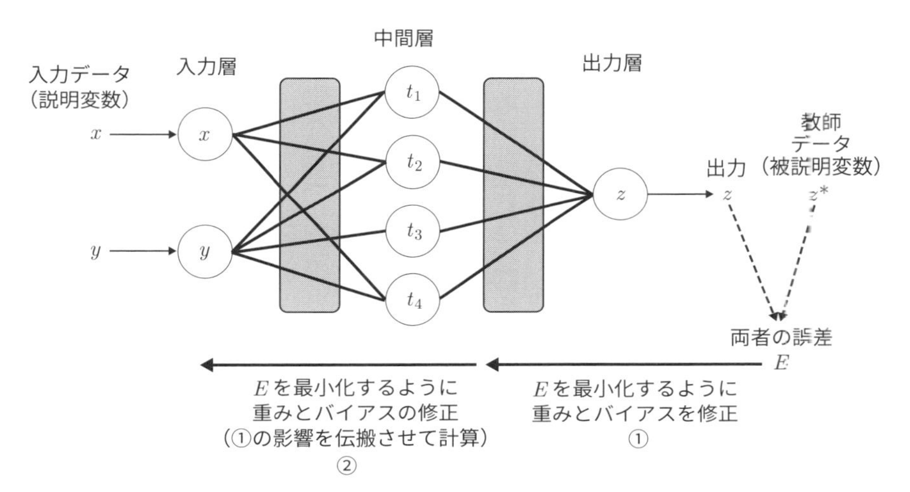

図 5.8　誤差逆伝搬法のイメージ（図 2.8 再掲）

誤差関数は，教師データと出力との誤差を計算するものであるが，数種類の誤差関数が用いられる．回帰分析のときと同様にして，教師データと出力の 2 乗誤差の総和を使うという方法もある．教師データが z^*，現在の出力が z とすれば，両者の誤差 E はパーセプトロンのときと同じく式（5.3）となる．誤差関数については，次節のディープラーニングで再び説明する．

誤差逆伝搬法は，パーセプトロンの時代には開発されておらず，ニューラルネットワークの時代になって実用化された．優れた手法であり，原理的には深層ニューラルネットワークにも適用できるが，問題点もあることを第 2 章で説明した．とくに深層ニューラルネットワークにおいては，**図 5.9** に示すような勾配消失が問題となる．次節では，その解決手法とディープラーニングについて説明する（2.3.1 項でも触れている）．

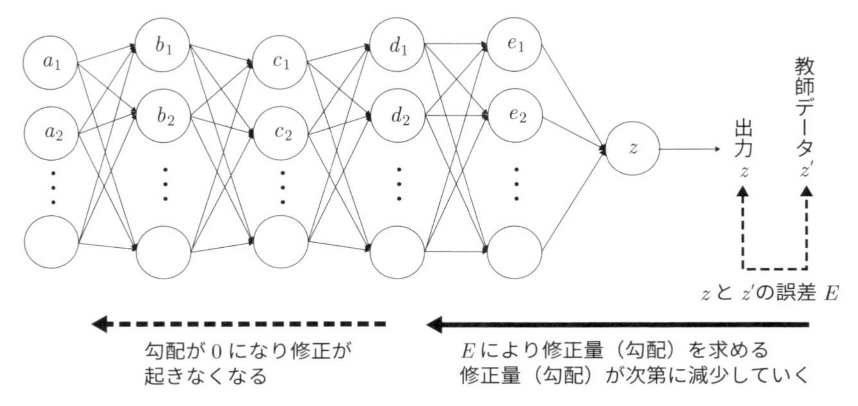

図 5.9　勾配消失

5.4　ディープラーニング

ここでは，ディープラーニングの技術を説明する．ここで説明する手法以外にも，さまざまな技術が開発されており，それらを組み合わせたものがディープラーニングとなる．

5.4.1　活性化関数と誤差関数

活性化関数は非線形関数であり，ある点を境にして急激に値が変わるという特徴をもつ．もし活性化関数が線形であれば，中間層を設けて多層化する意味がなくなる．ニューラルネットワーク開発の初期からよく知られている活性化関数として，シグモイド関数があり，第2章でも説明した．しかしシグモイド関数は，勾配消失を引き起こしやすいことが判明しているため，深層ニューラルネットワークでは使われることが少なくなっている．

ディープラーニングでよく使われている活性化関数として，ReLU（rectified linear unit）やそれを変形した関数がある．ReLU(x) は**図 5.10** にグラフを示すように，x が負のときには 0 であり，正であれば x となる．この関数は x が正のときには微分値が常に 1 という特徴がある．このため誤差逆伝搬法で重みとバイアスを調整するときに勾配消失の問題が生じにくくなるといわれている．

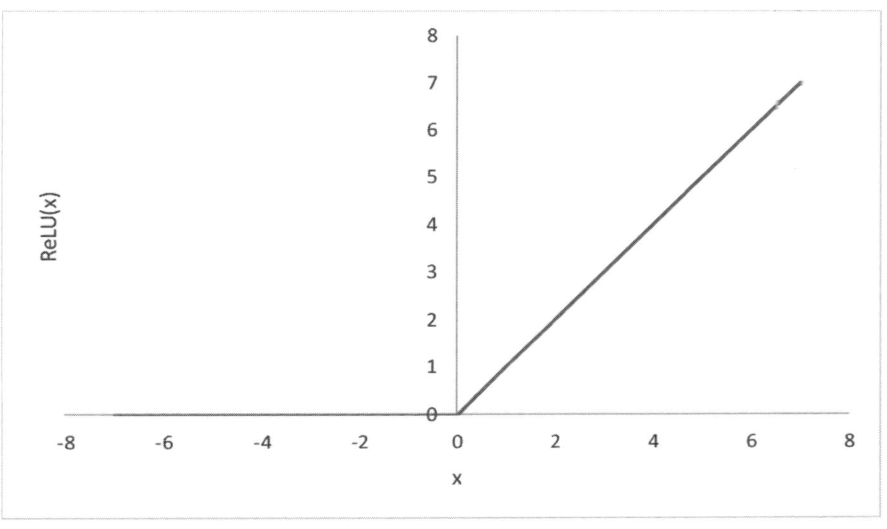

図 5.10　活性化関数 ReLU

誤差関数は教師データとニューラルネットワークの出力との誤差を求める関数である．損失関数やコスト関数という名前で呼ばれることもある．これまでの説明では，誤差の 2 乗和を使う関数を示した．よく使われる関数ではあるが，学習の収束が遅くなる場合もある．そこで誤差関数として，交差エントロピー（クロスエントロピー）を使うことがある．これは二つのデータ間の違いを測る尺度であり，確率的な考え方を使って定義されている．例として 2 値の場合で考える．教師データは 1 または 0 のいずれかをとり，1 をとる確率が p，0 の確率が $1-p$ とする．出力も同じく 1 または 0 の値をとるが，おのおのの確率は q と $1-q$ であるとする．このときの交差エントロピーは，

$$-p \log q - (1-p) \log (1-q)$$

となる．$p=q=1$ であれば，教師データも出力も必ず 1 となって一致する．$p=q=0$ のときにも，教師データと出力は共に必ず 0 となって一致する．この二つの場合には交差エントロピーは 0 となり最小値となる．$p=0.3$ で $q=0.7$ の場合には，教師データはあまり 1 にならず（確率 0.3）出力は比較的よく 1 になる（確率 0.7）が，交差エントロピーは 0.95 となる（対数の底は e として計算）．$p=0.1$ で $q=0.9$ の場合には，教師データと出力の振る舞いの違いが大きくなり

交差エントロピーも 2.08 と大きくなる．このように，二つのデータ（教師データと出力）の違いを交差エントロピーで判定できる．ここでは単純化してデータが 2 値であるとしたが，これを連続値の場合にも拡張できる．

5.4.2　確率的勾配降下法

これまでに説明してきたニューラルネットワークの学習は，バッチ学習と呼ばれる手法である．すなわち，n 個の学習データ $T_1, T_2, \cdots, T_n$ があるとき，これらを全てニューラルネットワークに与えて，出力 $z_1, z_2, \cdots, z_n$ を得る．そして，これら全てに対して誤差関数によって両者を比較して誤差を求め，それを最小にするように学習を進める．n 個のデータ全てを一度に一括して全部使う．オンライン学習とは，全部のデータを一括で使うのではなく，一部を取り出して少しずつ学習を進めていく方法である（**図 5.11**）．取り出す方法は，データ 1 件ずつランダムに選ぶ方法もあれば，適当な数 k を決めて，ランダムに k 件を選ぶ方法もある．このようにして，少しずつ取り出したデータに対して行う学習を「確率的勾配降下法」というが，データを与えてからの部分は誤差逆伝搬法と同じである．

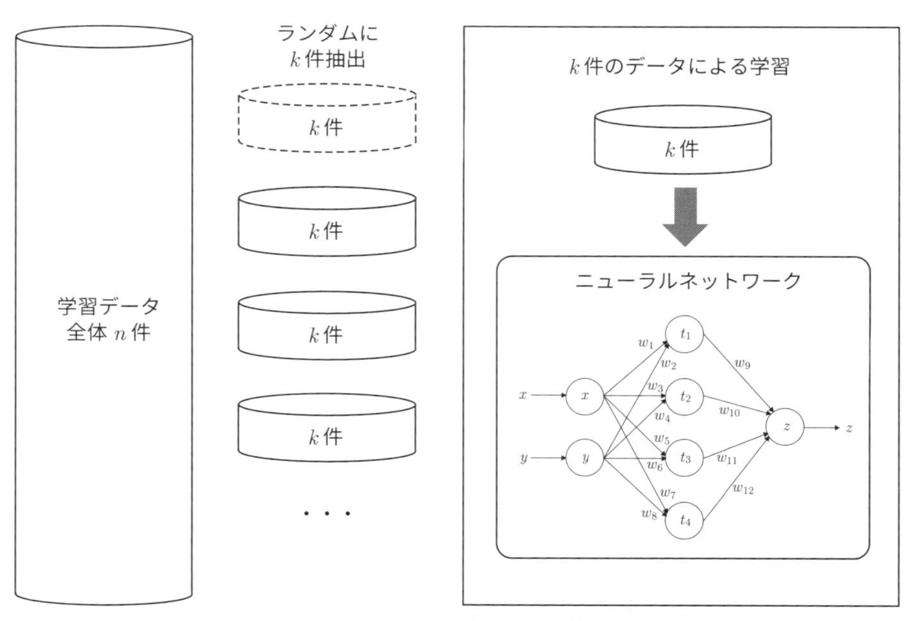

図 5.11　確率的勾配降下法

確率的勾配降下法では，データを少しずつ確率的に選んで与え，そのつど誤差関数によって誤差を計算して学習を行うので，以下のような利点がある．

- 少しずつデータを与えるので比較的処理が高速になる．
- データを与えるごとに傾向が変わるので局所的な解に陥ることが少ない．

しかし一方において，一部のデータを取り出して与えることから，外れ値やノイズがデータに交じっていた場合の影響を受けやすいとされている．

5.4.3　ドロップアウトとドロップコネクト

ニューラルネットワークは中間層に十分な素子数を与えれば，どんな関数でも表現できるという強力な能力をもっている．このような強力な能力をもつ反面，過学習という問題が発生する．過学習については第 2 章で触れたし，本章のモデル選択のところで再び説明するが，簡単にいえば学習データに過度に依存してしまい，未知データに対する予測能力が低下する現象のことである．とくにディープラーニングでは，過学習を防ぐための技術が重要となってくる．ドロップアウトやドロップコネクトはそのための技術として活用されている．

ドロップアウトとは**図 5.12** に示すように，学習時にいくつかの素子を学習対象から外す（ドロップアウトする）手法である．ドロップアウトする素子はランダムに選択し，全体の約半数程度に設定することが多いようである．ドロップコネクトも同様の考え方であり，素子間の結合をランダムに選んで存在していないものとして学習させる．

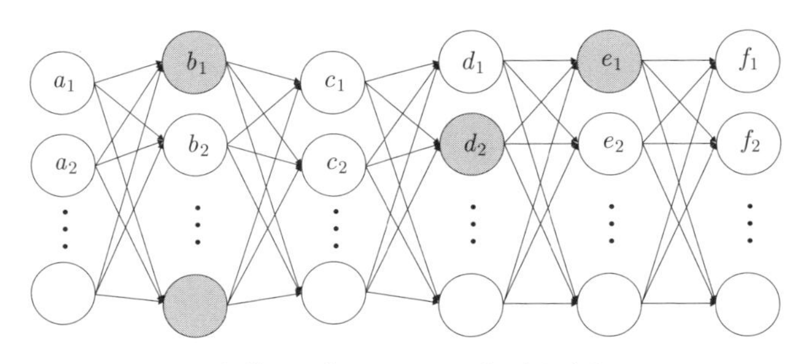

図 5.12　ドロップアウト

5.4.4　オートエンコーダと事前学習

オートエンコーダについては第 2 章でも触れたが，3 層ニューラルネットワークであり，入力層と出力層が同じである自己符号化器である（第 2 章の図 2.14 参照）．オートエンコーダの学習は，入力と同じものが出力されるようにすればよいので，入力そのものが教師データとなる．したがって，教師データを別に準備する必要がないという意味で教師なし学習ともいえる．第 2 章の図 2.14 に示しているように，中間層の素子数を入力層や出力層よりも少なくしておけば，中間層には入力を圧縮した特徴が学習されると期待できる．

オートエンコーダを活用する技術に事前学習がある．**図 5.13** を使って説明する．図 5.13（a）の深層ニューラルネットワーク（図では深層 NN と略す）があるとき，これを複数のオートエンコーダを構成するように分割して考える．もともとの入力層（a_1, a_2, ……）から次の層（b_1, b_2, ……）をつなぐ結合の重みとバイアスをまとめて W_1 と書いている．出力層として入力層と同じ（a_1, a_2, ……）を作ることで，この部分をオートエンコーダとすることができる．これが図 5.13（b）の左端である．このオートエンコーダに対して，学習を行うことで W_1 を決めることができる．次に，最初の中間層（b_1, b_2, ……）から次の中間層（c_1, c_2, ……）を結ぶ部分についても同様にして，（b_1, b_2, ……）を入力層および出力層とするオートエンコーダを考えることができる．同じように学習を行うことで，重みとバイアス W_2 を学習することができる．これを繰り返すことで，(a)の深層ニューラルネットワークにおける W_1 から W_4 を決めることができる．これを事前学習という．

事前学習は図 5.13（a）の深層ニューラルネットワークに対する真の学習ではない．この方法で決めた W_1 から W_4 を初期値として，誤差逆伝搬法による学習を適用する．層が深くなるほど勾配消失問題が発生しやすくなるが，事前学習によって決まる重みとバイアスから学習開始することにより，ランダムな値から開始するよりも勾配消失が起きにくくなることが報告されている．

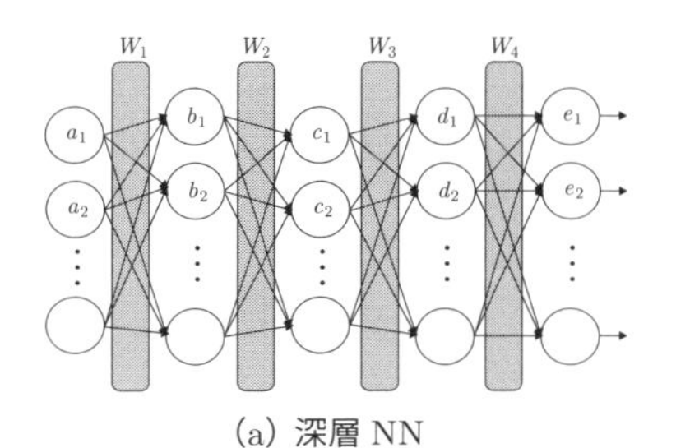

(a) 深層 NN

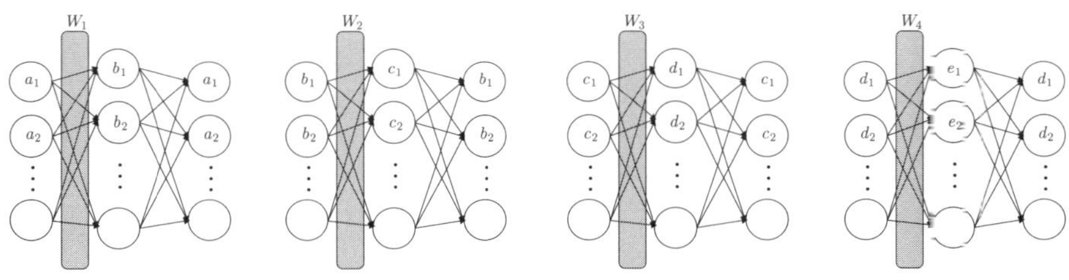

(b) 層ごとに分解しオートエンコーダとして教師なし学習（事前学習）

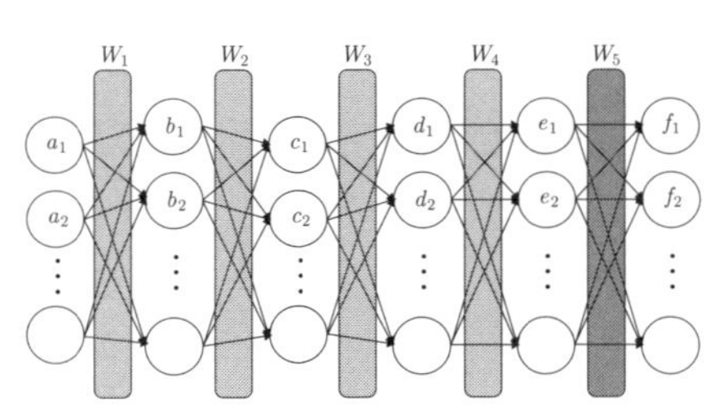

(c) 元の NN を再構築し最終段に 1 層追加

図 5.13　オートエンコーダと事前学習

5.4.5　デノイジングオートエンコーダ

デノイジングオートエンコーダは，先に説明したオートエンコーダと構造は同じであるが，学習方法に工夫がある．**図 5.14** に概要を示すように，デノイジングオートエンコーダの学習では，入力データ x に対して意図的にノイズ θ を混入させて $x+\theta$ として与える．出力層ではノイズが入っていない x と比較して誤差を計算し，誤差逆伝搬による学習を行う．意図的にノイズを入れることにより，元データの本質的な部分を取り出した学習ができるとされており，先に述べた過学習を減らして汎化能力を向上させる効果が期待できる．このとき誤差関数として，先に説明した 2 乗和ではなく，交差エントロピーを使うことが多い．

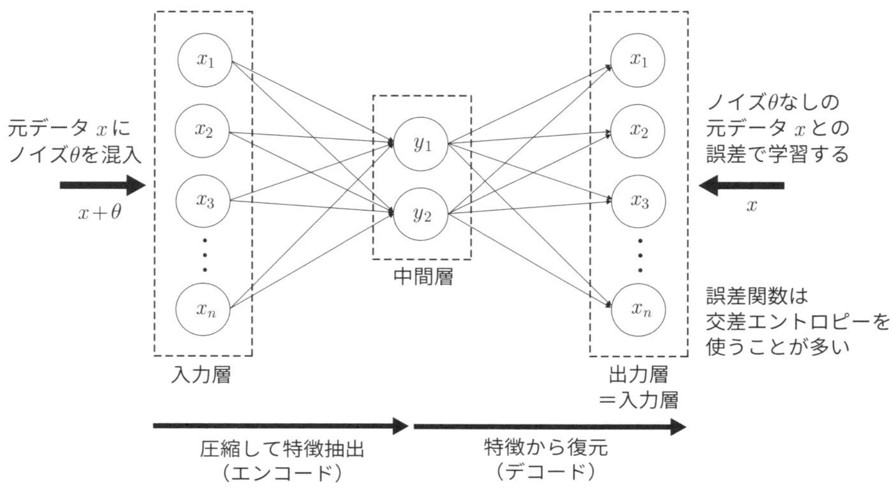

図 5.14　デノイジングオートエンコーダ

5.5　さまざまな種類の深層ニューラルネットワーク

ニューラルネットワークはさまざまな分野で開発されてきているので，特定の分野で性能を発揮できるように設計された特殊な構造をもつものが開発されている．代表的なものについて簡単に説明する．

5.5.1　畳み込みニューラルネットワーク

畳み込みニューラルネットワーク（コンボリューショナルニューラルネットワーク，convolutional neural network，CNN）とは，画像認識処理の分野で開発され効果を発揮している深層ニューラルネットワークである．画像をいくつかのクラスに分類する問題に適用される．概念的な構造を**図 5.15** に示す．この図に示すように，画像の前処理的な作業を行って特徴を取り出す画像処理部分と，通常のように分類問題を解決するためのニューラルネットワーク処理を行う部分（全結合層）が直列に結合された構造をしている．

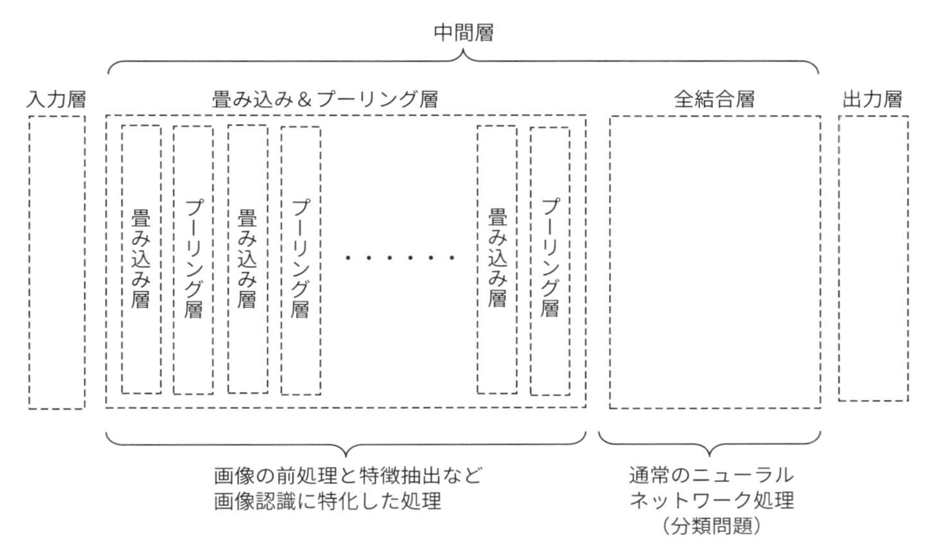

図 5.15 コンボリューショナルニューラルネットワーク

画像処理に特化した部分は，畳み込み層とプーリング層が繰り返し結合されている．畳み込み層では，画像処理でよく使われるフィルター操作である畳み込み演算を行う．プーリング層では，一種の画像圧縮を行っている．この二つの層を重ねることで画像から本質的な特徴を取り出している．このような畳み込み層とプーリング層を何層にも重ねることにより，位置ずれや形のゆがみなどの影響を受けにくい特徴が取り出される．このような画像に対する前処理的な処理を経て，全結合層で通常と同様な分類のためのニューラルネットワーク処理が行われる．

5.5.2 リカレントニューラルネットワーク

これまでに説明してきたニューラルネットワークは，素子間の結合に後戻りがないので，フィードフォワードニューラルネットワークという．リカレントニューラルネットワーク（recurrent neural network, RNN）は，ニューラルネットワークに内部状態をもたせたものに相当し，時系列データ処理に適しているとされる．基本的な考えは，以下の式のように，次の出力がデータと前の状態の関数として決まるとするモデルである．

$$出力 = f(\text{データ}, \text{一つ前の状態}, \text{二つ前の状態}, \ldots, n\,\text{個前の状態})$$

この考え方を実現するために，RNN では素子間の結合に後戻りを許している．素子間の結合にはいくつかの方法があるが，例えば**図 5.16** のようなものがある．なお，全ての素子間に結合がある場合には，全結合リカレントニューラルネットワークという．

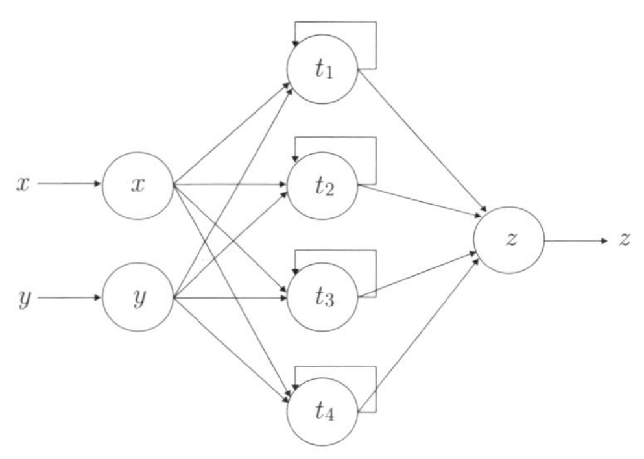

図 5.16　リカレントニューラルネットワーク

5.5.3　ボルツマンニューラルネットワーク

ボルツマンニューラルネットワーク（boltzmann neural network, BNN）は，素子間の結合が相互結合型と呼ばれるタイプであり，全ての素子間の結合を許している．確率的な動作を組み込んでいることが特徴であり，局所的な最適解から抜け出せないことがあるというニューラルネットワークの学習における問題を解決しようとしている．その反面，階層のない相互結合のために処理時間が膨大になるという問題を抱えている．一般の BNN は現在では使われることが少なくなったが，構造に制限を加えた制限付き BNN は使われている．

5.6　その他の技術

データマイニングで用いる機械学習技術は，次々に新たな手法が開発されている．本書で全てを説明することは不可能であるが，よく使われている技術をいくつか説明する．

5.6.1　決定木学習

表 5.7 の例で考えよう．決定木学習の場合には，回帰分析などの場合と用語の使い方が異なり，被説明変数はクラス属性と呼ばれ，クラス属性の値がクラス値である．説明変数は属性と呼ばれ，その値が属性値となる．この表の場合には，クラスとなっている列がクラス属性であり，事故率高や事故率低などのクラス値をとっている．馬力，タイプ，年式，色は全て属性である．なお，この表では行が 1 件の事例データに対応している．決定木とはクラス値を決定するための木のことである．例を**図 5.17** に示す．このような構造のことを木構造という．いちばん上にあるノードを根と呼ぶ．いちばん下の端にあるどこにも線が出ていないノードを葉という．通常の木の根は下にあり葉が上にあるので，木構造はそれを逆さまにした格好となっている．

表 5.7　自動車事故の事例データ例

馬力	タイプ	年式	色	クラス
低	クーペ	古	赤	事故率高
高	セダン	新	黒	事故率低
中	セダン	古	黒	事故率低
高	セダン	古	青	事故率高
低	クーペ	古	黄	事故率低
高	セダン	新	紫	事故率低
低	クーペ	古	白	事故率高
中	セダン	新	白	事故率低
高	クーペ	古	黒	事故率高
低	クーペ	古	銀	事故率高

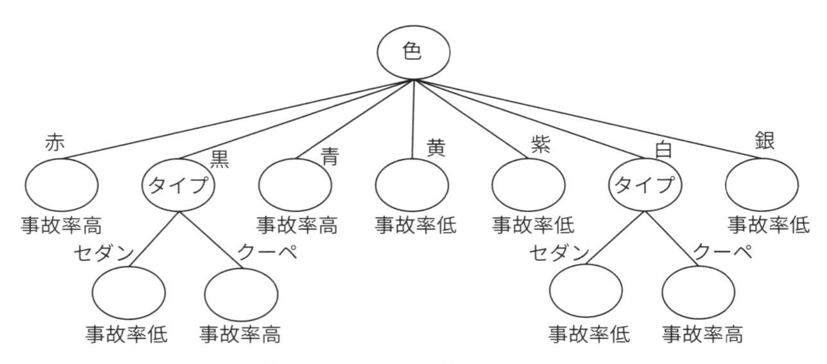

図 5.17　決定木の例（その 1）

木構造のノードには属性が書かれており，その属性の値に応じて，線で結ばれたノードに移動することを示す．図 5.17 の場合には，根にあるのは色なので，色属性の値に応じて七つのノードのいずれかに移る．例えば色が赤ならば，左端のノードに移る．移った先のノードが葉であれば，そこに書かれているクラス値に決定する．したがって，色が赤ならば事故率高というクラス値に決まることになる．

表 5.7 は小さな例題なので，人間でも属性値から容易にクラス値を決めることができるが，実社会の保険会社がもっているデータでは，何万件以上もの事例が格納されているし，属性として記録されている情報ももっと多い．このような大規模な表をそのまま使うのではなく，決定木として知識を抽出することで活用できるようになる．

表形式のデータから決定木を作ることが決定木学習となる．その作成方法については本書では省略するが，作成される決定木の性質について考察する．**図 5.18** も決定木であり，図 5.17 と同じく表 5.7 から作ることができるものである．図 5.17 の決定木の場合には，色が黒でタイプがセダンかクーペのとき，属性の判定を 2 回行ってクラス値が決まることになる．色が白の場合も同じである．ほかの色の場合には，色の属性値を調べるだけで事故率高か事故率低かが決まる．図 5.18 の場合にはどうだろうか．タイプがクーペで年式が古で馬力が低の場合には，さらに色を調べなければクラス値はわからない．つまり属性値を 4 回判定する必要がある．決定木を使ってクラス値を決めるために必要となる属性値の判定回数を決定木のよさとして使うとすれば，図 5.17 の方がよい決定木といえる．なお，

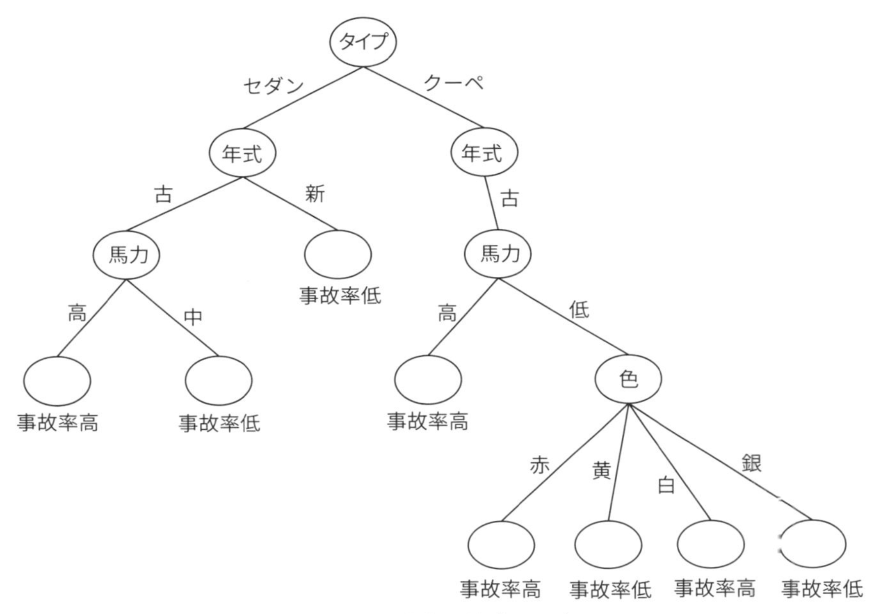

図 5.18 決定木の例（その 2）

決定木のよさの評価については，後のモデル選択の節で別の基準を説明する．

与えられた表に対して，最も少ない属性値の判定回数となる決定木を作るという問題は，多くの計算処理をしなければならない難しい問題となる．そのため，ベストな決定木が得られる保証はないが，多くの場合にはうまくできるという経験則を組み込んだ手法が考案されている．また，細かなところまで分岐のある決定木を使っても全体としてのクラス属性判定の精度はあまり変わらないということもある．その場合，細かな分岐の部分を切り捨てる枝刈りという処理が行われる．次節で過学習という問題を説明するが，枝刈りを行うことにより，学習データへ過度に依存する可能性を減らし，未知データへの予測精度，すなわち汎化能力を高められることがある．

決定木は人間が目でみてわかりやすいように知識を可視化していると考えることができる．しかし，このような木構造をコンピュータ上で扱うことはやや手間がかかる．そこで，コンピュータ処理が容易な知識表現である IF THEN ルールへ変換することがよく行われている．

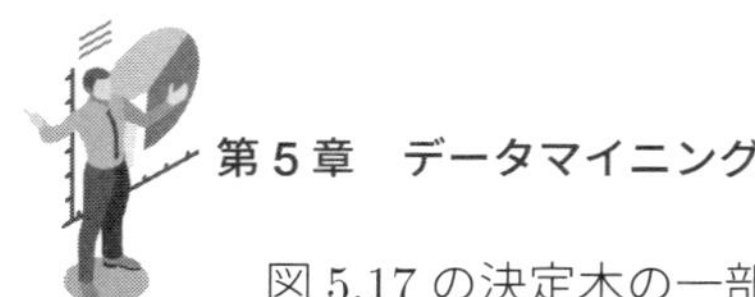

図5.17の決定木の一部に対しては，

IF 色 ＝ 赤 **THEN** 事故率高
IF 色 ＝ 黒 **THEN**
　　IF タイプ ＝ セダン **THEN** 事故率低
　　ELSE 事故率高

のような **IF THEN** ルールが対応する．

5.6.2　クラスタリング

似ているデータを集めてグループを作ってみることで，データの性質がよくわかるようになることがある．似たデータを集めたグループのことをクラスタといい，クラスタに分けることをクラスタリングという．機械学習の手法として重要であり，さまざまな手法が開発されている．本節では，そのなかで非階層的なクラスタリング手法である k-means 法（k- 平均法）について説明する．その前にまず，データが「似ている」ということについて考えてみる．似ているということを定量的に測る基準として，距離を用いることが多い．距離にはユークリッド距離だけではなく，目的に応じてさまざまなものがある．例えば，マンハッタン距離，チェビシェフ距離，マハラノビス距離などがある．場合によっては独自の方法で距離を定義しても構わない．

代表的なクラスタリング手法である k-means 法では，データ間の距離を測る方法およびクラスタ数 k が与えられているもとで動く．この手法の骨格は下記のようになる．**図 5.19** に動作状況のイメージ図を示す．

1. データをランダムに k 個のクラスタに割り振る．
2. クラスタの重心を求める．
3. 各データと各クラスタ中心の距離を求め，いちばん近い距離のクラスタ重心のクラスタへ割当てを変える．
4. 上記ステップでデータの割当て変更が発生しないか，変更した個数が設定値以下であれば終了する．そうでなければ，2. に戻り繰り返す．

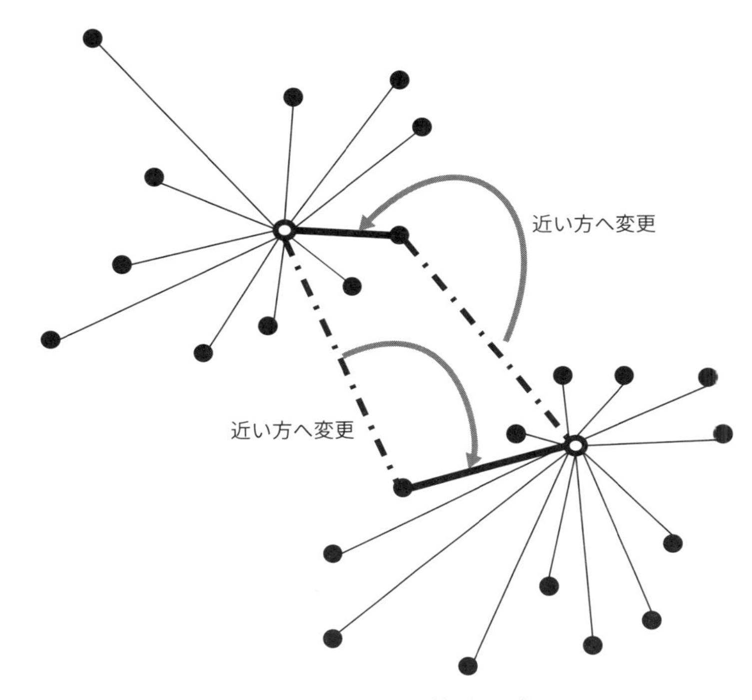

図 5.19　k-means 法（k＝2）

k-means 法では，初期値としてデータをランダムにクラスタ分割するため，安定性に欠けるという問題がある．また，クラスタ数 k を事前に見積もることが難しいという問題もある．このような問題点を改良した方法が提案されている．例えば x-means という方法では，クラスタ数の自動推定機能が組み込まれている．

5.6.3　サポートベクターマシン

先に説明したパーセプトロンは線形分離不可能な対象を学習することができなかった．3 層以上のニューラルネットワークとする解決方法もあるが，全く異なる技術として（非線形）サポートベクターマシン（support vector machine, SVM）がある．ニューラルネットワークと同等の能力をもつ手法であり，多くの分野で使われている．**図 5.20** に SVM の基本的な概念であるサポートベクターおよびマージン最大化という考え方を示す．

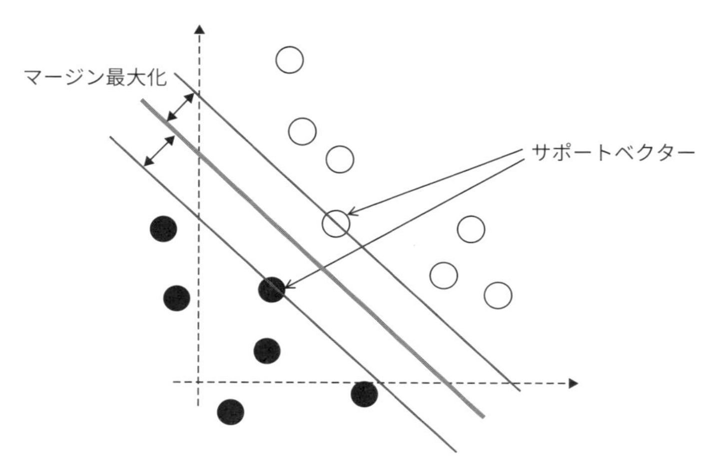

図 5.20　SVM の考え方

サポートベクターとは，最も接近していて分離しにくいデータのことである．このようなサポートベクターが，最もよく分離できるようにするということが，マージン最大化という基準である．すなわち，サポートベクター間のユークリッド距離が最大となる直線の学習が SVM の目的である．ここで，使われているのは全部のデータではなく，サポートベクターとなる一部だけのデータであることが重要である．一方，パーセプトロンやニューラルネットワークにおいては，全てのデータについて教師データとの誤差の評価量を最小にするという基準であった．SVM でのマージン最大化は，未知データに対する分類精度などの観点で優れているとされている．

線形分離可能な問題しか解けないことがパーセプトロンの限界であった．SVM ではこの問題に対して，データの高次元化という発想により解決している．図 5.6（b）で示したように，XOR は線形分離不可能な問題であるが，この図が 2 次元で描かれていることに注意しよう．元のデータは 3 次元であり，それを 2 次元平面に投影したものがこの図であると考えてみたらどうだろうか．この場合には，3 次元空間中での XOR のデータは 2 次元の平面（超平面）により線形分離できる．つまり，データの次元を 3 次元に上げることで線形分離可能な問題に変形可能になる．一般の n 次元データの場合でも同様であり，高次元化による解決を考えることができる．これが SVM の基本的な考え方である．

それでは，このような都合のよいデータの高次元化がいつも可能なのかどうか，またそのための計算コストを実用的なレベルに抑えることができるのかという問題である．SVMでは，データを実際に高次元化して解くのではなく，数学的に巧妙な手法を開発することで解決に成功している．この手法の理解には本書のレベルを超える数学知識が必要となるので，考え方だけを説明する．データ x_i と x_j に対し，これらを高次元化したときのデータを $h(x_i)$, $h(x_j)$ とする．SVMのマージン最大化では，データに対する距離が求まればよいので，内積 $K(h(x_i), h(x_j))$ を計算することができればよい．したがって，データを高次元化する方法を求めなくても，高次元化後の内積計算だけができれば目的は達成できる．この内積計算のために用いる関数をカーネル関数と呼ぶが，SVMでは数学的に巧妙な方法（カーネルトリック）で現実的に計算可能とすることに成功している．

SVMは非線形な分離問題も解くことができ，初期のディープラーニングよりも使いやすいという特徴をもっていた．このため多くの分野で適用されてきている．

5.6.4　アンサンブル学習

アンサンブルとは合唱や合奏という意味であり，複数の歌手や演奏者が協調して演じることである．アンサンブル学習もそれと類似しており，複数の学習手法が協調することで学習能力を上げるという方法である．**図5.21** を使ってこの手法の考え方を説明する．

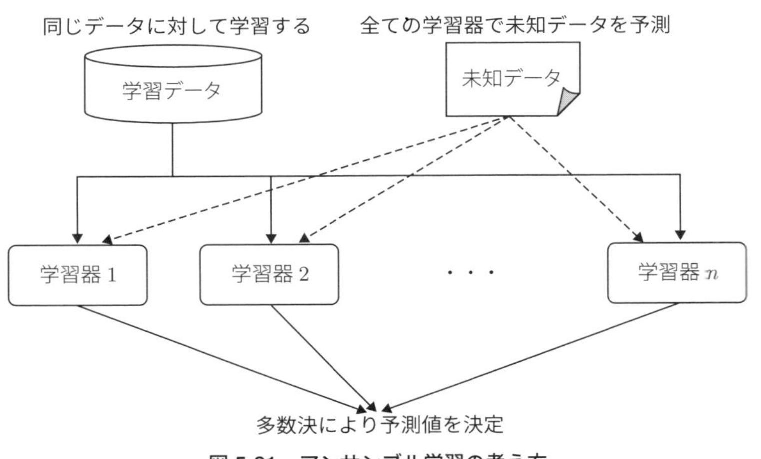

図5.21　アンサンブル学習の考え方

説明を簡単にするために，Yes または No の 2 価となる分類問題で考える．n 個の学習器は学習データを使って，この分類問題を学習する．未知データが与えられると，n 個の学習器は独立して自ら学習した知識を使って Yes または No の予測を出力する．全体の予測は多数決で行うので，この予測が失敗するのは過半数，すなわち $(n+1)/2$ 個の学習器が間違った予測を出す場合である．この間違う確率は参加する学習器の数 n を増やすことで小さくすることができる．

5.7　モデル選択と評価

5.7.1　モデル選択とは

データマイニングにより得られる知識をモデルということがある．その知識がデータを生み出している仕組みのモデルとみなすことができるからである．得られている知識が将来予測に使うものであれば，予測モデルといういい方をすることも多い．データマイニングでモデルを得るためには，学習させて決める値とは別に，設計者が決めなければならないパラメータがある．そのパラメータを最適化することで，データマイニングの品質が上がる．すなわち，得られるモデルと知識がよいものとなる．最適なパラメータを決めることをモデル選択という．

例えば回帰分析では，回帰式の次数を決めることであり，ニューラルネットワークでは，層の数を決めて，各層の素子数を決めることである．さらに，学習係数や活性化関数を決めることである．ディープラーニングの場合には，層の数が増えていることに加えて，ほかのパラメータも決めなければならない．例えば，デノイジングオートエンコーダを使う場合には，ノイズを入れる確率やノイズの種類を決めなければならない．ドロップアウトやドロップコネクトの場合には，ドロップさせる確率や方法を決める必要がある．

5.7.2　過学習と汎化能力

モデル選択により知識がよくなると述べた．では，知識がよくなるとはどういうことだろうか．知識を使っての予測精度が上がるということは評価基準の一つとなるが，それだけでは十分でないだろう．例えば回帰分析の場合には，線形な式（一次式）を使うのではなく 2 次以上の高次な式を使ってもよい．例えば**図 5.22**

のようなデータが与えられたとしよう．このとき，**図 5.23** のような近似が可能である．このような近似は高次数まで使うなら可能である．これは誤差は少ないが，はたしてこれがよい近似であろうか．必要以上に曲がりくねった状態になる．しかしこれに対し，**図 5.24** は誤差は多いかもしれないが，すっきりした近似になっている．これは低次数の多項式による近似である．すなわち，図 5.23 は過学習であり，図 5.24 は適切な学習であるといえる．また，パラメータの多すぎるモデルは予測するうえで好ましくない．パラメータの多すぎるモデルに学習したデータに合いすぎて（過学習），普遍性をもたないので，未知のデータを予測する能力が低下する．未知のデータに対する予測能力を汎化能力という．与えられた学習データにとらわれずに，汎用的な能力をもつという意味である．汎化能力を測る手法については，後に説明する．

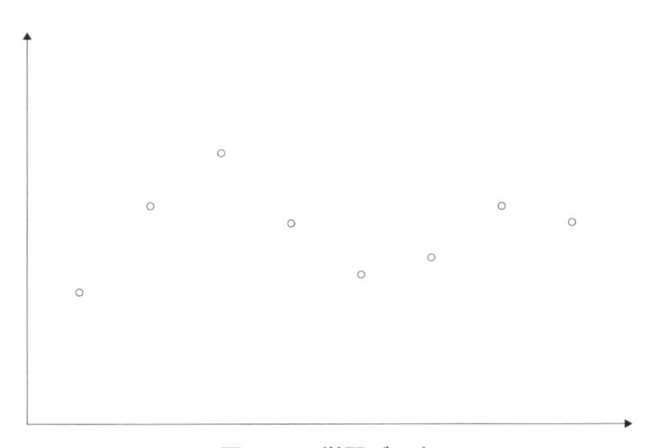

図 5.22　学習データ

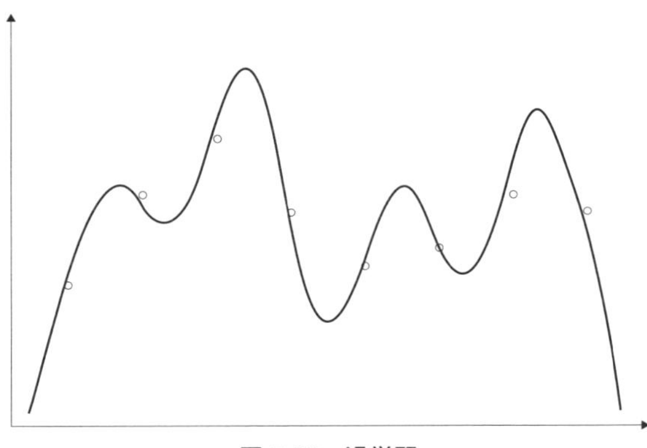

図 5.23　過学習

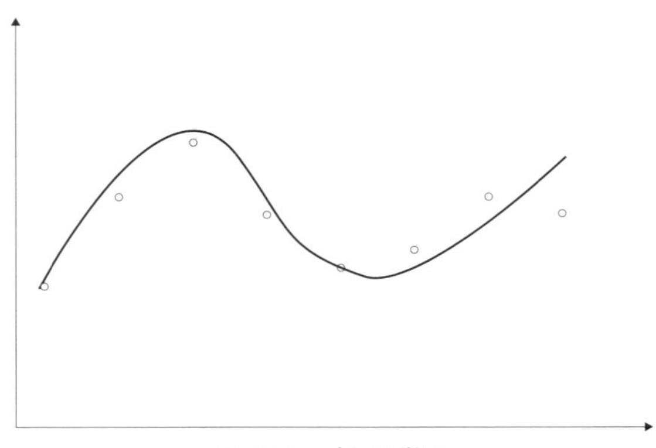

図 5.24　適切な学習

実際に過学習が発生しているとみなせる例を**図 5.25** に示す．図中の黒丸を学習データとして与えている．これは sin 関数によって生成したデータなので，本来は sin 関数と同等なモデルが学習されることが理想である．図中の破線が sin 関数のグラフである．一方，実線のグラフは，学習済みのニューラルネットワークから生成した値をプロットしたものである．ニューラルネットワークの出力は学習データを忠実に再現していることがわかるが，そのために sin 関数とは全く異なるものとなっている．したがって，学習データ以外の点での値を予測する能力は低いものになっている．

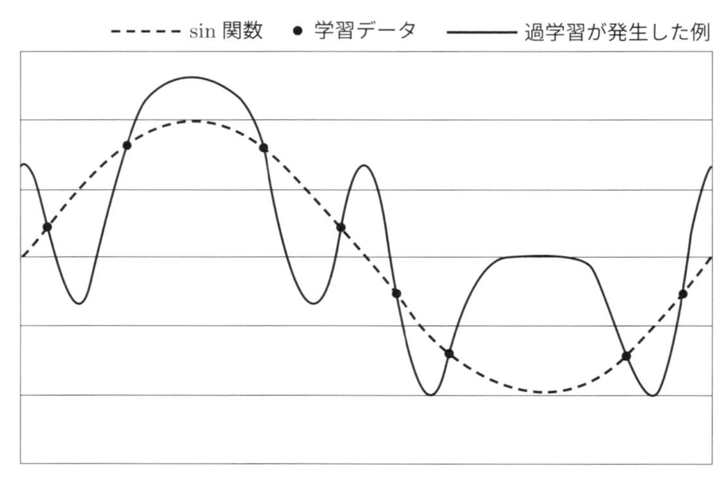

図 5.25　過学習が発生している例

5.7.3 モデル選択の技術

モデル選択にはいくつかの手法がある．ここでは，以下の代表的な3手法について説明する．

1. 赤池情報量規準（Akaike's information criterion，AIC）
2. 最小記述長原理（minimum description length principle，MDLP）
3. 交差検証法（cross validation）

赤池情報量規準（AIC）

赤池氏が開発した情報量規準なので，この名前が付いている．以下で定義される．

$$\mathrm{AIC}(M) = -2\,最大対数尤度(M) + 2k$$

上の式中の M はモデルであり，k はそのモデルに現れるパラメータの数である．尤度（ゆうど）とは，雑ないい方をすれば，確率と同じ量である．対数尤度とはその尤度の対数をとった値であり，最大対数尤度とはその対数尤度の最大値である．最大対数尤度は，直観的にいえば，誤差である．

例えば，データを高次まで使った回帰式で近似するとき，4次関数で近似するのがよいのか，5次関数で近似するのがよいのかという問題にAICは有効である．AICを計算して，小さい方を選べばよい．4次関数であれば，パラメータが5個なので上式の k は5になり，5次関数であれば，k は6になる．

最小記述長原理（MDLP）

同じことを記述するなら簡単な方がよいというのは当然のことである．仮に今，事例が40個あったとしよう．**図 5.26** には3個の決定木があるが，いちばん左の木は簡単であるが，この木で分類できない事例（例外）が20個もある．いくら木が簡単といっても，例外が20個もあるのは，よい木とはいえない．いちばん右の木の場合は例外は0個であるが，木は大きくて複雑である．このような分類のよすぎる木は，今までの経験からいっても，過学習の疑いが大きい．真ん中の木は例外が5個あるが，木の大きさはそれなりの大きさであり，この真ん中の木がいちばんよいのではないかと思われる．

これを記述長という言葉を用いて述べる．この場合，記述長は木を記述する長さと，例外を記述する長さとを足した長さになる．いちばん左の木では，木の記述長は小さいが，例外の記述長は大きい．いちばん右の木では，例外の記述長は0であるが，木の記述長は大きい．真ん中の木では，木の記述長も例外の記述長も中間である．したがって，木の記述長と例外の記述長の和は真ん中の木がいちばん小さくなるように思われる．

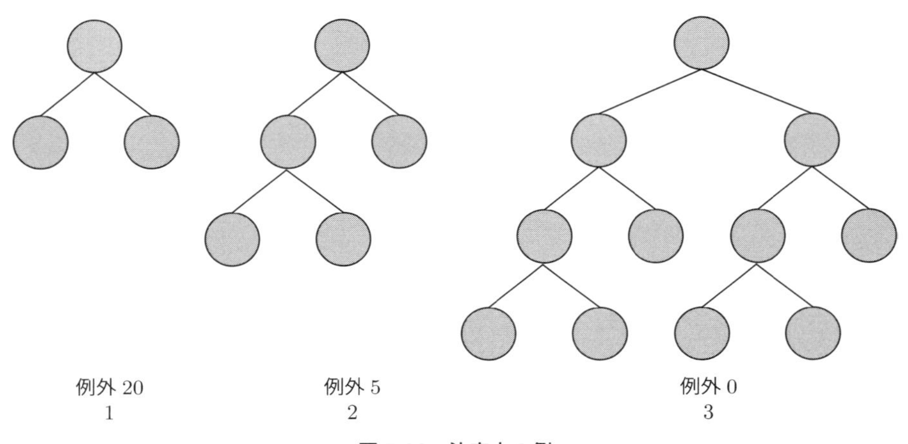

図 5.26　決定木の例

このようにして記述長が最も小さいのが最もよいモデルであると考えるのが，最小記述長原理である．もう少し形式的ないい方にすると，最小記述長原理とは，与えられたデータに基づいて情報源のモデルを推定する際のモデル選択の規範となる原理である．すなわち，モデル自身の記述長と，そのモデルを用いて記述されるデータの記述長の総和を最小にするモデルが最良のモデルとする基準である．記述長とは，一意に復号可能な符号化をした際のその符号の長さであり，単位はビットである．また，ここでは「将来起こる事象の予測誤差を最小にするようなモデル」を最良としている．式で書くと，以下のようになる．n は事例数である．

$$\mathrm{MDLP}(M) = -\ \text{最大対数尤度}(M) + k/2 \log n$$

この式からわかるように，MDLP と AIC はよく似ている．式の第2項が

MDLP では $k/2 \log n$ であるが，AIC では k である．ここで，AIC の式中では，$2k$ であるが，第 1 項にも 2 がついているので，2 で割って MDLP と比較している．二つの基準が存在するのであるが，どちらがよいかの決着はついていない．

交差検証法

これは，上記の二つの手法とは全く別の手法である．得られたデータをいくつかに分けて，その分けられたデータを学習用と検証用にする．学習用のデータから得られたモデルを検証用のデータに適用して正解率を得る．その正解率でモデルを選択するという手法である．

例えばデータを二つに分けて，データ A，データ B とする．データ A で学習してモデルを得る．そしてそのモデルでデータ B を予測し正解率を計算する．次はその逆を行う．データ B で学習してモデルを得る．そのモデルでデータ A を予測し正解率を計算する．次に，二つの正解率を平均する．この平均した正解率でモデルのよさを評価する．上記の例は分割数が 2 であるが，一般には n（等）分割である．データを n 分割し，その分割されたデータの n–1 個を学習用に，1 個を予測用に使う．これを n 回繰り返す．n 個の正解率を平均し，最終的な正解率とする．**図 5.27** は 3 分割の場合である．

データ A，データ B で学習し，データ C で検証
データ B，データ C で学習し，データ A で検証
データ C，データ A で学習し，データ B で検証

上記を繰り返して，おのおのの正解率の平均を計算する．

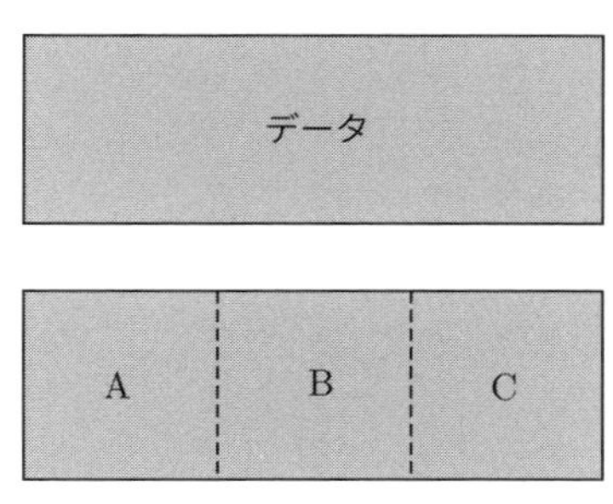

図 5.27　3 分割の交差検証法

例えばモデルが回帰式の場合は，モデルの選択とは回帰式の次数を決めることである．そこで，次数を1として，上記の交差検証法を行い，正解率を計算する．次に次数を2として，再び交差検証法を行い，正解率を計算する．これをある次数まで繰り返す．これによって最も正解率のよい次数を選ぶのである．交差検証法の分割数 n は最初に適当に決めておく必要があるが，10程度で十分とされている．

交差検証法は，AIC，MDLPの二つの手法に比べれば現実的な手法であり，予測結果そのものを用いてモデルを選択しているので，選択されたモデルの信頼性は高いといえる．n 分割の交差検証法の場合にはモデル構築を n 回行うので，処理時間が問題となることもある．

5.8　ツール

データマイニングでは，多くの計算処理や手続き（アルゴリズム）を実行する必要がある．そのような処理を全て自分でプログラミングして作ることも不可能ではないが，あまり現実的とはいえない．そこで，多くのツールが提供されている．フリーソフトとして無償で提供されているものも増えており，個人で扱う程度のデータ量なら，処理速度の点でもなんら問題ないことが多い．以下に典型的なツールの特徴を示す．これらは，バージョンアップなどの改良が行われたり，情報を提供しているホームページが移動したりすることもある．ここで説明する内容と違っている場合もあることをご了解いただきたい．インターネット上で検索してみると多くの情報があるので，それらも参考にしていただきたい．

Python（パイソン）

- プログラム言語．プログラムの構造を字下げで表すなどの特徴がある．データマイニングやAI分野でよく利用されている．とくに，ディープラーニング関係の実績が豊富．
- データマイニングやAIのための多くのライブラリが利用できる．

R（アール）

- プログラム言語だが，ちょっとしたデータ処理ならば対話的にコマンドを打ち込むことで実行できる．

- データマイニングや AI のためのパッケージも多く利用可能となっている.

Weka（ウェッカ）

- データマイニング専用ツールなのですぐに利用できる.
- Weka が実装している各種アルゴリズムを Java から呼び出す方法（API）が公開されている.
- マニュアルは英語である．日本語の情報は不足ぎみである.

Microsoft Excel（有償），あるいは同等の表計算ソフト（フリー）

- Excel は有償であるが，同等のフリーなものもある．広く使われており，日本語での情報も豊富にある.
- データ分析の機能やデータ可視化の機能も提供されており，データマイニングツールとしても利用できる.

TensorFlow（テンソルフロー）

- ニューラルネットワークを構築し学習させるためのツール．Pythcn をベースとして作成されている．ディープラーニングのための機能も準備されている.

Chainer（チェイナー）

- TensorFlow と同じくニューラルネットワークの構築と学習のためのツールである.

第6章 説明可能AI

本章では，説明可能AIについて，その要素技術であるルール抽出に焦点を当てて，簡単に説明する．

6.1　説明可能AIとは

「説明可能AI」，あまり聞き慣れない言葉である．本書では，3層ニューラルネットワークと深層ニューラルネットワーク（これらを以降，単にニューラルネットワークと呼ぶ）を取り上げた．これらのニューラルネットワークを用いて株価や為替の予測を行った．これらのニューラルネットワークは，それなりに正確に予測はできていたと思うが，どのように予測をしているかは（われわれ人間には）よくわからない．例えば，株価の上昇判定でも，なぜ，ニューラルネットワークがそのタイミングで上昇判定をしたかが，わからない．また，深層ニューラルネットワークが成果を出している画像認識の例では，ある深層ニューラルネットワークが顔を認識（識別）したとしても，なぜ，その深層ニューラルネットワークが顔を認識（識別）できたのか，すなわち，顔のどの部分に注目してどのような判定方法で顔を認識（識別）したかがわからない．これは「ブラックボックス問題」と呼ばれている．

ブラックボックス問題は，3層ニューラルネットワークにも存在する，以前から認識されていた問題である．しかし，最近，深層ニューラルネットワークがよく使われるようになって，層数すなわち素子数が増えて，そのブラックボックス性がより大きくなったので，注目が集まっている．

このブラックボックス問題に関しては，「ブラックボックスAIからホワイト

ボックス AI」というスローガンがある．また，「不透明な AI から透明な AI」というスローガンもある．いちばん流布している言葉は，「説明可能 AI（explainable AI：XAI）」であろう．以降では，この「説明可能 AI」という呼称を用いる．

ブラックボックス問題は，ニューラルネットワークだけの問題ではない．ニューラルネットワーク以外の AI 技術でも同様な問題は存在する．簡単にいえば，（自然）言語を使わずに数値を使う AI 技術ならば，ブラックボックス問題は多かれ少なかれ存在する．

この説明可能 AI に対して，AI 関係者が全て賛同しているわけではない．説明可能 AI に対して否定的な立場（＝そのような AI は必要ない）の人間もいる．代表的なのはグーグルである．グーグルは，ご存知のように，ディープラーニングを用いてアルファー碁を開発した会社であるが，ディープラーニングがブラックボックスのままでよいと主張しているようである．その後，意見を変えたかどうかは知らない．

常にディープラーニングの判定が正しければ，ディープラーニングの学習結果がわからなくてもよいかもしれないが，常に正しいということなどありえない．間違えたときに，なぜ間違えたかを知りたくなるであろう．

説明可能 AI では，なにを学習したかを理解する技術が必要になってくる．以降では，ニューラルネットワークに限定して，説明可能 AI の話を進める．ニューラルネットワークの動作を説明する技術はいくつかあるが，実は，前著の『実践データマイニング』では，すでにこの問題を扱っている．前著の第 6 章「予測モデルからのルール抽出」で，3 層ニューラルネットワークからルールを抽出して，3 層ニューラルネットワークの動作を説明する技術を紹介している．以降では，前著の第 6 章をもとにして，説明可能 AI の要素技術であるルール抽出について簡単に説明する．

6.2 線形回帰式からのルール抽出の例

ニューラルネットワークの素子は，線形関数 + 活性化関数である．それゆえ，ルール抽出の方法は基本的に同じである．したがって，ニューラルネットワークからのルール抽出の前に，線形回帰式からのルール抽出について説明する．

表 6.1 製造条件

温度〔度〕	時間〔分〕	圧力〔kg/cm^2〕	製品の品質
90	60	12	5
70	90	2	2
100	50	10	7
60	50	4	3

表 6.2 製造条件（正規化後）

温度（x）	時間（y）	圧力（z）	製品の品質（w）
0.9	0.6	0.6	0.5
0.7	0.9	0.1	0.2
1.0	0.5	1.0	0.7
0.6	0.5	0.2	0.3

表 6.1 はある製品の異なる製造条件下での製品の品質を表している．これを重回帰分析すると，

$$w = 0.02x - 0.02y + 0.2z + 0.2$$

となる．これに新しい製造条件を入れると，その製造条件下での製品の品質が予測できる．しかし，どのように予測しているかはわからない．そこで，表 6.1 のデータを**表 6.2** のように変換してみよう．これは，温度，時間，圧力の各データが [0, 1] に入るように正規化したものである．この表 6.2 のデータを重回帰分析すると，

$$w = 0.2x - 0.2y + 0.4z + 0.2$$

となる．これでも予測はできるが，理解はできない．しかし，この線形回帰式からはルール抽出技術でルールを抽出することはできる．ルール抽出を行うと，以

下のルールが得られる．手法については後述する．

$$(x \vee \overline{y}) \wedge z \rightarrow w$$

論理記号は**表 6.3** の通りである．

表 6.3　論理記号

	∧	∨	‾
日本語	かつ	または	でない
論理	論理積	論理和	否定

上の論理式に，$x=$ 温度が高い，$y=$ 時間が長い，$z=$ 圧力が高い，$w=$ 品質がよい，を代入すると以下のようになる．

$$(\text{温度が高い} \vee \overline{\text{時間が長い}}) \wedge \text{圧力が高い} \rightarrow \text{品質がよい}$$

そして，論理記号の部分を普通の日本語に変換すると，以下のルールが現れる．

（温度が高い　または　時間が短い）　かつ　圧力が高い　ならば　品質がよい

このようにルール抽出技術を用いると，人に理解できるルールを得ることができる．これで，線形回帰式の予測方法が説明可能になる．

6.3 近似法によるルール抽出技術の概説

筆者はニューラルネットワークからのルール抽出のアルゴリズムを開発した．それは近似法と呼ばれる．以下では，要点だけ述べるので，詳細は，前著『実践データマイニング』の第6章を参照してもらいたい．また，ルール抽出法には，いくつかの方法があるが，それらの方法の概観がその第6章にある．近似法の技術的な内容に関しては，参考文献［8］［9］を参照してもらいたい．

近似法の長所は以下の通りである．

1. どんな学習方法で訓練されたどんな構造のニューラルネットワークにも適用することができる．
2. 計算量（= 計算時間）は基本的に変数の数の多項式オーダである．「多項式オーダ」とは，計算時間がそれほど長くないということである．
3. 連続値（数値）にも適用することができる．

しかしながら，ただ一つ制約がある．それは，素子の活性化関数が単調であるということである．

定義域は離散と連続の二つに分けられる．連続の定義域に関しては後述する．離散の定義域は $\{0, 1\}$ に変換できるので，$\{0, 1\}$ で話をする．アルゴリズムの基本は，ニューラルネットワークの素子を最も近いブール関数で近似することである．この近似の理論は多重線形関数に基づいている．多重線形関数空間はブール関数が作るブール代数の拡張であり，ユークリッド空間になり，線形関数とニューラルネットワークを含む関数空間である（参考文献［8］［9］を参照）．

6.3.1 近似法の基本的考え

基本的な考え方はニューラルネットワークの素子をブール関数で近似することである．以下では，ニューラルネットワークの素子を f_i とし，ブール関数を g_i（$g_i = 0$ か 1）とする．近似の方法は以下の通りである．ただし，変数の数を n とすると，$i = 1, 2, \cdots, 2^n$ である．

$$g_i = \begin{cases} 1\,(f_i \geq 0.5) \\ 0\,(f_i < 0.5) \end{cases}$$

この近似方法は関数間の距離をユークリッド距離で測っていることになる．**図 6.1** は 2 変数の場合である．×は予測モデルの値，○はブール関数の値である．00, 01, 10, 11 は定義域である．例えば，00 は $x=0$，$y=0$ を意味する．

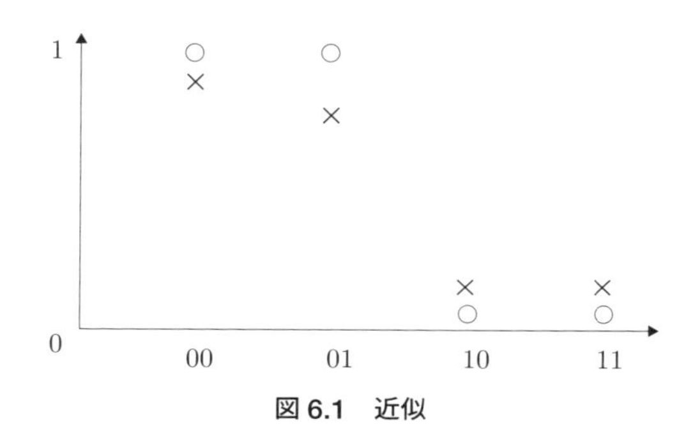

図 6.1　近似

この場合には，ブール関数の値は以下の通りである．

$$g(0,\,0)=1,\; g(0,\,1)=1,\; g(1,\,0)=0,\; g(1,\,1)=0$$

一般にブール関数を $g(x_1,\, x_2,\, \cdots,\, x_n)$ とし，あるブール関数の値を $g_i(i=1,\,2,\,\cdots,\,2^n)$ とすると，そのブール関数は以下のように表現される．

$$g(x_1, x_2, \cdots, x_n) = \sum_{i=1}^{2^n} g_i a_i$$

ただし，Σ は論理和で，a_i（$i=1,\,2,\,\cdots,\,2^n$）はそのブール関数の値 g_i に対応する以下のようなブール関数である．

$$a_i = \prod_{j=1}^{n} e(x_j)$$

ただし，

$$e(x_j) = \begin{cases} \bar{x}_j\;(e_j = 0) \\ x_j\;(e_j = 1) \end{cases}$$

である．ここでΠは論理積であり，$\bar{x}$ はxの否定である．e_jはx_jへの代入値であり，e_jは 0 または 1 である．上式は簡単に確認できる．例えば，図 6.1 の場合は以下の通りである．

$$
\begin{aligned}
g(x, y) &= g(0,0)\bar{x}\,\bar{y} + g(0,1)\bar{x}y + g(1,0)x\bar{y} + g(1,1)xy \\
&= 1\cdot\bar{x}\,\bar{y} + 1\cdot\bar{x}y + 0\cdot x\bar{y} + 0\cdot xy \\
&= \bar{x}\bar{y} + \bar{x}y \\
&= \bar{x}
\end{aligned}
$$

6.3.2　線形関数からの近似法によるルール抽出

ニューラルネットワークの素子は，線形関数 ＋ 活性化関数なので，まずは，線形関数からの近似法によるルール抽出について説明する．例えば線形関数を，

$$z = 0.4x - 0.5y + 0.6$$

としよう．これの 4 つの定義域

$$(1, 1) \quad (1, 0) \quad (0, 1) \quad (0, 0)$$

での値は，

$$0.5, 1.0, 0.1, 0.6$$

となる．0.5 の閾値を用いてブール関数で近似すると，

$$1, 1, 0, 1$$

となり，1 番目の定義域 (1, 1) と 2 番目の定義域 (1, 0) と 4 番目の定義域 (0, 0) で 1，3 番目の定義域 (0, 1) で 0 となるブール関数が，求めるブール関数となる．それは，

$$xy \vee x\bar{y} \vee \bar{x}\,\bar{y} = x \vee \bar{y}$$

である．したがって，$z = 0.4x - 0.5y + 0.6$ は，$x \vee \bar{y}$ で近似されることがわかる．

6.3.3　ニューラルネットワークからの近似法によるルール抽出

ここでは，排他的論理和 $x\bar{y} \vee \bar{x}y$ を学習したニューラルネットワークから排他的論理和を抽出する例を示す．まず，排他的論理和を学習するニューラルネットワークの構成について述べ，次に，学習後のニューラルネットワークからの近似法によるルール抽出について述べる．

1. ニューラルネットワークの構成

図 6.2 のようなニューラルネットワークの構成を考える．ただし，x，y は入力，z は出力，t_i は中間素子の出力である．w_i は重みである．中間素子の出力 t_i と出力 z は，重み w_i とバイアス h_i を用いて，以下のように計算される．

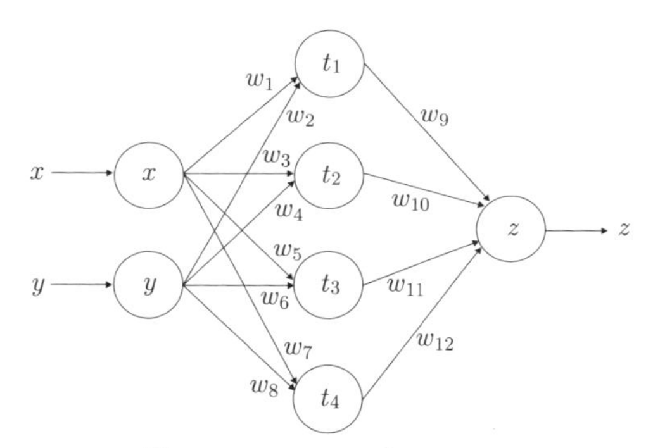

図 6.2　ニューラルネットワーク

$$
\begin{aligned}
t_1 &= S(w_1x + w_2y + h_1) \\
t_2 &= S(w_3x + w_4y + h_2) \\
t_3 &= S(w_5x + w_6y + h_3) \\
t_4 &= S(w_7x + w_8y + h_4) \\
z &= S(w_9t_1 + w_{10}t_2 + w_{11}t_3 + w_{12}t_4 + h_5)
\end{aligned}
$$

ただし，$S(\cdot)$ はシグモイド関数

$$S(x) = 1/(1 + e^{-x})$$

である．

2. 近似法によるルール抽出

このニューラルネットワークで排他的論理和を学習した結果の例を次に示す.

$$w_1 = 2.51,\ w_2 = -4.80,\ w_3 = -4.90,$$
$$w_4 = 2.83,\ w_5 = -4.43,\ w_6 = -4.32,$$
$$w_7 = -0.70,\ w_8 = -0.62,\ w_9 = 5.22,$$
$$w_{10} = 5.24,\ w_{11} = -4.88,\ w_{12} = 0.31,$$
$$h_1 = -0.83,\ h_2 = -1.12,\ h_3 = 0.93,$$
$$h_4 = -0.85,\ h_5 = -2.19$$

例えば,

$t_1 = S(2.51x - 4.80y - 0.83)$ の各値

$t_1(0,\ 0),\ t_1(0,\ 1),\ t_1(1,\ 0),\ t_1(1,\ 1)$

は, 次の通りである.

$$t_1(1,\ 1) = S(2.51 \times 1 - 4.80 \times 1 - 0.83) = S(-3.12)$$
$$t_1(1,\ 0) = S(2.51 \times 1 - 4.80 \times 0 - 0.83) = S(1.68)$$
$$t_1(0,\ 1) = S(2.51 \times 0 - 4.80 \times 1 - 0.83) = S(-5.63)$$
$$t_1(0,\ 0) = S(2.51 \times 0 - 4.80 \times 0 - 0.83) = S(-0.83)$$

シグモイド関数 $S(x)$ は,

$x > 0$ で, $S(x) \cong 1$ であり,

$x < 0$ で, $S(x) \cong 0$ なので,

$S(-3.12) \cong 0, S(1.68) \cong 1, S(-5.63) \cong 0, S(-0.83) \cong 0,$

となり,

$$t_1 \cong x\bar{y}$$

となる. 同様に, その他の素子も以下のブール関数に近似される.

$$t_2 \cong \bar{x}y$$
$$t_3 \cong \bar{x}\bar{y}$$
$$t_4 \cong 0$$

z の学習結果は，以下の通りである．

$$z = t_1t_2 \vee \overline{t_1}t_2\overline{t_3} \vee t_1\overline{t_2}\overline{t_3}$$

この式に，

$$t_1 = x\bar{y}$$
$$t_2 = \bar{x}y$$
$$t_3 = \bar{x}\bar{y}$$

を代入すると，

$$z = x\bar{y} \vee \bar{x}y$$

が得られる．このブール関数は排他的論理和である．したがって，排他的論理和を学習したニューラルネットワークを近似することによって，学習したブール関数が抽出されたことになる．

なお，素子 1（t_1），素子 2（t_2）を外すと，図 6.2 のニューラルネットワークは排他的論理和として機能しないが，素子 3（t_3），素子 4（t_4）は外しても，図 6.2 のニューラルネットワークは排他的論理和として機能する．以上のように，学習後のニューラルネットワークから，ルールを抽出できるとともに，中間素子，出力素子がなにを学習したかも分析できる．

近似法の手順は，今まで説明してきたように，以下のようになる．

1. ニューラルネットワークの中間層の各素子をブール関数に近似する．
2. ニューラルネットワークの出力層の各素子をブール関数に近似する．
3. 1. で得られた中間層のブール関数を，2. で得られた出力層のブール関数に代入して，ニューラルネットワーク（全体）のブール関数を求める．

近似法は，上で述べた手順からわかるように，4 層以上の深層ニューラルネットワークに対しても同様に適用できる．ただし，層数が増えるので，その分だけ手間が増える．

6.3.4　多項式オーダのアルゴリズム

近似法の基本的方法の計算量は指数オーダである．したがって，現実的な問題では動かなくなる．そこで，多項式オーダのアルゴリズムが必要になる．ニューラルネットワークの素子を，

$$S(p_1x_1 + p_2x_2 + \cdots + p_nx_n + p_n + 1)$$

とする．ただし，$S(\cdot)$ はシグモイド関数である．このニューラルネットワークの素子に最も近いブール関数を，以下のアルゴリズムで求める．

1. 近似後のブール関数に，

   $$x_{i_1} \cdots x_{i_k} \bar{x}_{l_{k+1}} \cdots \bar{x}_{i_l}$$

   という項が存在するかどうかを，

   $$S\left(p_{n+1} + \sum_{i_1}^{i_k} p_j + \sum_{1 \leq j \leq n,\ j \neq i_1, \cdots, i_l,\ p_j \leq 0} p_j \right) \geq 0.5$$

   で判定する．シグモイド関数のうちの第 1 項は定数項，第 2 項は存在を判定する項に肯定で含まれる変数に対応する係数，第 3 項は存在を判定する項に含まれない変数に対応する係数でかつ負のものである．
2. 存在する項を論理和で接続する．
3. 上記 1.，2. を最低次からある次数まで行う．

上記アルゴリズムに関する説明は，紙数の関係上不可能なので，参考文献［8］［9］を参照してもらいたい．各素子から抽出されたルールを合成してニューラルネットワーク全体のルールを得る．ルール抽出で困難なことは，簡単さと高精度を同時に満たすルールを短時間で得ることである．

6.3.5　連続値への拡張

定義域が連続の場合はなんらかの方法で [0, 1] に正規化できる．したがって，定義域は [0, 1] とする．離散でのアルゴリズムを連続に拡張するのであるが，離

散ではニューラルネットワークをブール関数で近似した．[0, 1] での，ブール関数に相当する，定性的な表現系を考えなければならない．連続領域での定性的表現で最も簡単でわれわれが馴染んでいるものは比例，反比例であろう．そこで，比例，反比例を定式化することを考える．

比例は通常の正比例（$y=x$）であるが，反比例は通常の反比例（$y=-x$）とは少し違い，$y=1-x$ とする（**図 6.3**）．理由は $y=1-x$ がブール関数の否定の自然な拡張であるからである．なお，比例は肯定の自然な拡張である．肯定，否定以外にブール関数では論理積と論理和がある．[0, 1] でこれに相当する演算を考え，先の比例，反比例と合わせて，[0, 1] での定性的表現系とする．[0, 1] での論理積，論理和もブール代数の論理積，論理和を自然に拡張して得られる．この定性的表現系はブール代数の公理を満すため（参考文献［10］参照），ここでは連続ブール関数と呼ぶ．

定性的表現がほしいのであるから，なんらかの方法で定量的量は無視されなければならない．例えば，二つの関数 $y=x^2$，$y=x^3$ を考えよう．この二つの関数は正比例ではないが，比例といってよい．すなわち，独立変数が増加するに従って，その関数の値は単調増加になっている．もし比例という定性的特徴だけに注目するのならば，われわれはこの三つの関数 x^2，x^3，x を同一視しなければならない．一般的にいうと，その定性的表現系では，x^k（$k \geq 2$）は x と同一視されなければならない．数学的には，このようなノルムを導入することは可能である（参考文献［11］参照）．このようなノルムは定性的ノルムといえる（**図 6.4**）．

連続では，上記のような定性的ノルムでニューラルネットワークを連続ブール関数に近似する方法を筆者は提示した．アルゴリズムは，離散のアルゴリズムと基本的に同じである．ルールの例は，以下の通りである．

$$(t \wedge p) \vee \bar{h} \rightarrow q$$

t, p, h, q はそれぞれ，温度，圧力，湿度，品質である．このルールは「温度が上がって圧力が上がるか，または湿度が下がれば，その品質はよくなる」，もしくは「温度が下がって圧力が下がるか，または湿度が上がれば，その品質は悪くなる」と読むことができる．

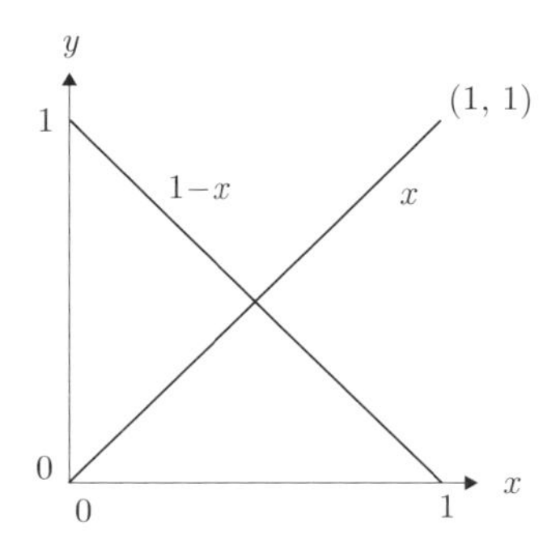

図 6.3　比例/反比例

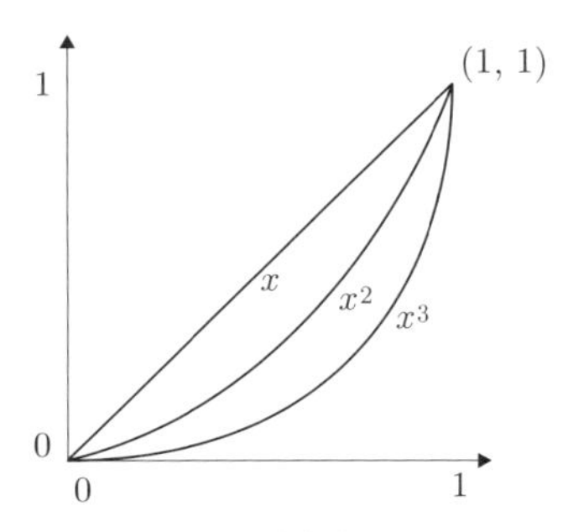

図 6.4　定性的ノルム

6.4　最後に

本章では，説明可能 AI と近似法によるルール抽出について簡単に説明した．説明可能 AI は，ディープラーニングが世の中の多くの場面で使われるようになれば，必要になるであろう．別のいい方をすれば，説明不可能 AI は，世の中にあまり普及しないのではなかろうか．

最近普及しつつある自動車の自動運転の例で説明しよう．自動運転を可能にしている主要な技術の一つが，ディープラーニングによる画像認識である．道路を自動運転するには，他の自動車や人や道路標識や周辺の建物などを認識する必要がある．

この自動運転の自動車が，どこかで人を轢いて，その人が死んでしまったとしよう．そうすると，その事故の原因の追究が始まる．その人が悪いのか？　それともその自動車が悪いのか？　その自動車が悪いとすると，その自動車の何が悪いのか？　などである．調査の結果，その自動車が人を正しく認識していなかったことが原因だとわかったとしよう．すなわち，ディープラーニングによる画像認識が原因だったとしよう．

このような場合，事故の責任はディープラーニングの画像認識にあり，そのメーカーは事故の賠償をしなければならない．ところで，なぜそのディープラーニングが間違えたかがわからないままで，済むであろうか．「画像認識率が非常に高いからそのディープラーニングを使いましたが，たまたまその人（被害者）は正しく認識できませんでした」で済むであろうか．済まないのではなかろうか．

さらに，なにか事故があったときには，その事故の原因を究明して，その装置を改良するというのが原則であろう．したがって，メーカーは，ディープラーニングの画像認識の方法を分析して，同様の事故が起こらないように，改良する必要がある．ディープラーニングがブラックボックスのままというわけにはいかないのである．

そもそも，単に画像認識率が非常に高いというだけで，そのディープラーニングを，（自動車の自動運転のような）人命にかかわる判断に使用できるであろうか．メーカーとしても不安であるし，道を歩く人間としても不安であろう．

ディープラーニングが碁などのゲームに使われる場合には，間違った判断をしてもゲームに負けるだけで済むので，ディープラーニングがブラックボックスでもとくに問題ないと思うが，ディープラーニングが，人命がかかわってくるような分野に使われるとなると，ブラックボックスのままでよいというわけにはいかないであろう．

今まで，自動車の自動運転の例で説明してきたが，もちろん，ディープラーニングなどの機械学習は，その分野だけではなく，ほかのさまざまな分野で，使われようとしている．例えば，新入社員の採用業務の一部（エントリーシートのチェックなど）をディープラーニングなどの機械学習で行う会社も現れているようである．そうなると，これはこれで重大な問題が発生する可能性がある．不採用者への不採用理由の説明である．しかし，多くの人は，「別に，今までだって，不採用者への不採用理由の説明は，ほとんどの場合，してきていないのだから，しなくてよいのではなかろうか」と思うかもしれない．しかし，世の中の流れはそうではないようである．

EU 一般データ保護規則（https://ja.wikipedia.org/wiki/EU 一般データ保護規則）なるものが，2018 年 5 月に発効した．それによると，人に関する自動的な（＝アルゴリズムによる）意思決定に対して，疑問がある場合は，説明を求めることができる．すなわち，自動的な意思決定を行う人（組織）は，説明責任を負うのである．このような動きは，ヨーロッパ以外の地域にも広がっていくであろう．だから，上の例の不採用者に関しては，会社は不採用理由の説明をしなければならないようになるであろう．

このように，ブラックボックスのままのディープラーニングが世の中で広く使われることはないであろう．したがって，説明可能 AI は，ディープラーニングが世の中で広く使われるようになるために，必要なものであると思われる．

参考文献

データマイニング・機械学習・ディープラーニング関連書籍

[1] 小高 知宏：機械学習と深層学習—C 言語によるシミュレーション—，オーム社（2017）．
本格的に自作したい人向け．

[2] 新納 浩幸：Chainer V2 による実践深層学習，オーム社（2017）．
ツールで手軽にディープラーニングを動かしてみたい人向け．

[3] 杉山 将，他 監訳：統計的学習の基礎—データマイニング・推論・予測—，共立出版（2014）．
（Trevor Hatie, Robert Tibshirani, Jerome Friedman: The Elements of Statistical Learning, Data Mining, Inference, and Prediction, Second Edition, Springer (2009).）
多くのデータマイニング技術を細部まで網羅している．高価（14,000 円）．

[4] 月本 洋，松本 一教：やさしい確率・情報・データマイニング，森北出版（2013）．

[5] 山下 隆義：イラストで学ぶ ディープラーニング，講談社（2016）．

[6] Ian Goodfellow, Yoshua Bengio, Aaron Courville: Deep Learning (Adaptive Computation and Machine Learning series), The MIT Press (2016).
ディープラーニングを深く学びたい人向け．

[7] Tariq Rashid: Make Your Own Neural Network, Createspace Independent Pub (2016).
自作派向け．

第 6 章の参考文献

[8] Hiroshi Tsukimoto: Extracting Rules from Trained Neural Networks, IEEE Transactions on Neural Networks, Vo.11, No.2, pp.377-389 (2000).

[9] 月本 洋，下郡 信宏，高島 文次郎：多重線形関数を用いたニューラルネットワークの構造分析，電子情報通信学会論文誌，Vol.J79-D-II No.7, pp.1271-1279（1996）.

[10] 月本 洋：古典論理の全ての公理を満たす連続値論理関数について，電子情報通信学会論文誌，Vol.J77-D-I No.3, pp.247-252（1994）.

[11] 月本 洋：命題論理の幾何的モデル，情報処理学会論文誌，Vol.31，No.6, pp.783-791（1990）.

索　引

索　引

[さ]

索　引

〈著者略歴〉

月本　洋（つきもと　ひろし）

1980年　東京大学大学院工学系研究科修士課程修了
現　在　東京電機大学工学部情報通信工学科教授
　　　　首都大学東京人間健康科学研究科客員教授
　　　　博士（工学）

■主な著書
『実践データマイニング―金融・競馬予測の科学』オーム社（1999/12）
『日本人の脳に主語はいらない』講談社（2008/4）
『心の発生―認知発達の神経科学的理論』ナカニシヤ出版（2010/04）
『やさしい確率・情報・データマイニング（第2版）』（共著）森北出版（2013/11）

松本一教（まつもと　かずのり）

1986年　九州大学大学院総合理工学研究科修士課程修了
現　在　神奈川工科大学情報学部情報工学科教授
　　　　博士（理学）

■主な著書
『やさしい確率・情報・データマイニング（第2版）』（共著）森北出版（2013/11）
『IT Text 人工知能（改訂2版）』オーム社（共著）（2016/10）

実戦データマイニング
AIによる株と為替の予測

平成30年6月20日　第1版第1刷発行

著　者　月本　洋・松本一教
発行者　村上和夫
発行所　株式会社 オーム社
　　　　郵便番号　101-8460
　　　　東京都千代田区神田錦町3-1
　　　　電 話　03(3233)0641(代表)
　　　　URL　https://www.ohmsha.co.jp/

組版　チューリング　　印刷・製本　三美印刷
ISBN978-4-274-22237-5　Printed in Japan